本书获陕西省计算机教育学会优秀教材二等奖

高等学校新工科应用型人才培养系列教材

大学计算机基础理论与实践教程

车　敏　朱良谊　　　编著

拓明福　李宗哲　张　晗

王　彤　张红梅　主审

西安电子科技大学出版社

内容简介

　　本书是高等学校计算机基础教育教材《大学计算机基础》(李暾等编，清华大学出版社，2018年9月出版)的学习指导与实验指导的辅助配套教材，可以用于辅助教师教学与学生自学。全书分为两部分。第一部分为基础理论篇，包括第 1～9 章，此部分简要介绍主教材《大学计算机基础》的基本内容及各部分的学习要点与难点，每章都附有大量的测试题及答案，以供学生自行检验学习效果。其中以计算思维能力培养为主线，涵盖了计算概论、信息的表示以及计算机系统组成、网络、多媒体技术、数据库技术等内容。第二部分为实验指导篇，包括 9 个实验，此部分采用 Python 作为实践语言，并运用 Python 及相关的配套库进行问题求解练习。每个实验都配有应用示例，通过示例引导学生快速掌握各章的要点和操作方法。

　　本书可作为各类院校不同专业基于 Python 的大学计算机基础课程的教学和实验教材，也可作为计算机初学者自学的参考书。

图书在版编目(CIP)数据

大学计算机基础理论与实践教程 / 车敏等编著. —西安：西安电子科技大学出版社，
2019.7(2023.8 重印)
ISBN 978-7-5606-5358-7

Ⅰ.① 大…　Ⅱ.① 车…　Ⅲ.① 电子计算机—高等学校—教材　Ⅳ.① TP3

中国版本图书馆 CIP 数据核字(2019)第 106622 号

策　　划　李惠萍
责任编辑　雷鸿俊
出版发行　西安电子科技大学出版社(西安市太白南路 2 号)
电　　话　(029)88202421　88201467　　　　邮　　编　710071
网　　址　www.xduph.com　　　　　　　　电子邮箱　xdupfxb001@163.com
经　　销　新华书店
印刷单位　陕西日报印务有限公司
版　　次　2019 年 7 月第 1 版　　2023 年 8 月第 4 次印刷
开　　本　787 毫米×1092 毫米　1/16　印　张　13.5
字　　数　319 千字
印　　数　7001～10 000 册
定　　价　33.00 元

ISBN 978-7-5606-5358-7 / TP

XDUP 5660001-4

如有印装问题可调换

前　言

　　"大学计算机基础"是大学本科教育的第一门计算机公共基础课程，它的改革越来越受到人们的关注。自 2008 年以来，培养学生计算思维能力已成为国内外计算机基础教育界的共识。本课程的主要目的是从使用计算机、理解计算机软硬件系统和计算思维三个方面培养学生的计算机应用能力。

　　本书分为基础理论篇和实验指导篇两大部分。基础理论篇包含第 1~9 章，具体内容有：计算与社会、Python 简介、计算思维、信息编码及数据表示、计算机系统组成与结构、操作系统、计算机网络及应用、数据库技术应用基础以及信息处理与多媒体技术。实验指导篇包含 9 个实验，此部分主要是将对学生的计算思维培养落到实处，既要注重方法、意识和能力指导，又要兼顾工具、语言和环境等实际动手技能的基础训练。之所以选择 Python 作为实践语言，主要是因为本语言入门容易，有大量的配套库，读者即使没有程序设计的经验，也可以方便地利用计算机解决一些实际问题。其中的 Office 办公软件案例练习旨在训练学生计算机基本操作的水平。这部分的案例以国家等级考试二级 Office 的标准来设定，具有一定的综合性。

　　本书内容涉及计算机专业多门课程的相关知识，概念庞杂，术语繁多。对于初学者来说，学好"大学计算机基础"这门课程不容易，要做到融会贯通就更难了。因此，建议以"信息表示和信息处理过程"、"计算思维与计算机问题求解"作为理解各章节内容的主线。本书中部分习题所涉及的知识点请读者查阅参考文献[1]，即本书配套主教材《大学计算机基础》。本书第二部分实验 7、实验 8、实验 9 所涉及的素材文件可在出版社网站查阅。

　　由于计算机技术日新月异，加上编者水平有限，书中难免有疏漏之处，恳请读者批评指正。

编　者

2019 年 4 月于西安

目　　录

第二部分 实验指导篇

第一部分

基础理论篇

📖 本部分导读

计算与社会

///////////////////////////

1.1 内容概要与精讲

计算机系统是通用的、计算能力强大的工具，它是人类对计算装置不懈努力的最好回报。如今，计算机在社会生活的各个方面都有着广泛的应用。本章从计算和算法的概念出发，简述计算装置的发展过程，介绍计算机技术的应用以及信息化社会对人的素质和技能的要求。

本章主要内容如下：
- 计算概论。
- 计算装置发展史。
- 计算技术的应用。
- 信息化社会与人。

1.1.1 计算概论

1．计算

计算指的是在某计算装置上，根据已知条件，从某一个初始点开始，在完成一组良好定义的操作序列后，得到预期结果的过程。

说明：

(1) 计算的过程可由人或某种计算装置执行；

(2) 同一个计算可由不同的技术实现。

2．计算的解

计算的解指的是对某个问题，能通过定义一组操作序列，按照该操作序列行为能得到该问题的解。

3．算法

算法是指一组良好定义的操作序列。

1.1.2 计算装置发展史

1．机械式计算装置

机械式计算装置主要有以下四种：

(1) 算盘，中国宋代时期发明的一种有效的计算工具。

(2) 手摇机械计算机，1642 年由法国数学家布莱士·帕斯卡设计并制作的能自动进位的加减法计算装置。

(3) 差分机、分析机，分别由英国数学家查尔斯·巴贝奇于 1822 年及 1834 年先后设计的机械式通用计算机。

(4) 自动序列受控计算机 Mark-Ⅰ，1944 年由美国科学家霍德华·艾肯研制的世界上第一台大型自动数字计算机。

2．图灵机模型

1936 年，阿兰·麦席森·图灵(Alan Mathison Turing)在其论文《论可计算数以及在确定性问题上的应用》中，描述了一类计算装置——图灵机，如图 1-1 所示。

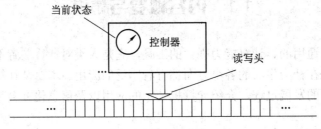

图 1-1　图灵机

图灵机由以下几个部分组成：

(1) 一条无限长的纸带(Type)：纸带被划分为一个接一个的小格子，每个格子上包含一个来自有限字母表的符号，字母表中有一个特殊的符号"□"表示空白。纸带上的格子从左到右依次被编号为 0, 1, 2, …，纸带的右端可以无限伸展。

(2) 一个读写头(Head)：该读写头可以在纸带上左右移动，它能读出当前所指的格子上的符号，也能修改当前格子上的符号。

(3) 一套控制规则(Table)：它根据当前机器所处的状态以及当前读写头所指的格子上的符号来确定读写头下一步的动作，并改变状态寄存器的值，令机器进入一个新的状态。

(4) 一个状态寄存器：它用来保存图灵机当前所处的状态。图灵机的所有可能状态的数目是有限的，并且有一个特殊的状态，称为停机状态。

阿兰·麦席森·图灵因此被誉为理论计算机的奠基人。

3．现代计算机

1946 年 2 月 15 日，世界上第一台通用电子数字计算机"埃尼阿克"(ENIAC)宣告研制成功。ENIAC(Electronic Numerical Integrator And Computer)的意思是"电子数值积分计算机"。当时研究和开发 ENIAC 的主要目的是为军事服务。ENIAC 的运算采用的是十进制，且没有存储设备。

1950 年问世的离散变量自动电子计算机(Electronic Discrete Variable Automatic Computer，EDVAC)，首次实现了冯·诺依曼体系"存储程序和二进制"这两个重要设想，是世界上第一台存储程序式计算机，是冯·诺依曼体系计算机的首个代表。它具有以下特点：

(1) 程序指令和数据都用二进制形式表示；

(2) 程序指令和数据共同存储在存储器中；

(3) 自动化和序列化执行程序指令。

按照计算机采用的主要电子元器件，通常把计算机的发展分为四个阶段。

- 第一代计算机(1946—1954 年)：电子管计算机时代。
- 第二代计算机(1954—1964 年)：晶体管计算机时代。
- 第三代计算机(1964—1970 年)：中小规模集成电路计算机时代。
- 第四代计算机(1970 年以后)：大规模或超大规模集成电路计算机时代。

以前，人们主要根据计算机的运算速度和存储容量，将计算机分为微型机、小型机、中型机、大型机、巨型机和超级巨型机。现在人们主要按照计算机的作用对其进行分类。例如：根据通用性区分通用计算机和嵌入式计算机；在计算机网络的客户机/服务器 (Client/Server，C/S)模式中，根据用途区分服务器和客户机。

4．计算机的发展趋势

计算机有以如下几个发展趋势：

(1) 巨型化：高性能超级计算机。

(2) 微型化：微处理器发展。

(3) 网络化："网络计算机"概念的提出。

(4) 智能化：专家系统、机器人等。

1.1.3　计算技术的应用

在政府部门、工业、农业、军事、教育、科学研究、医疗、商业和娱乐等领域，计算机的使用日益普及，并且日益深入。以典型计算机应用系统为线索，计算机技术的重要应用如下：

(1) 科学计算软件；

(2) 文字处理和办公软件；

(3) 管理信息系统；

(4) 计算机辅助系统；

(5) 人工智能系统；

(6) 多媒体技术应用系统；

(7) 嵌入式系统。

1.1.4　信息化社会与人

1．信息素养

计算机技术和计算机网络技术的广泛应用，使人类社会在 20 世纪末迅速进入了信息化时代，并且使得人类社会生活发生了一系列变化。信息素养已经成为现代人基本素养的重要组成部分，与信息相关的能力已逐步成为个人发展的重要因素。

美国教育传播与技术协会于 1998 年发表了《学生学习的信息素养标准》一文，其中提出了九个评价学生信息素养能力的标准：

标准一：快速、高效地访问信息。

标准二：批判性并恰当地评估信息。

标准三：精确、创造性地使用信息。

标准四：追踪感兴趣的信息。

标准五：鉴赏和理解信息的文献及其他创造性的表达方式。

标准六：在信息探寻和知识生成方面追求卓越。

标准七：认识信息对民主社会的重要性。

标准八：实行与信息和信息技术相关的符合伦理道德的行为。

标准九：有效地参与信息追寻和生成活动。

在信息素养的教育中，首要的是培养信息意识。信息意识指人们获取、评估、整理和使用信息的意识。

计算思维也是信息素养的重要组成部分。它指用计算学科的基础概念、原理和技术，考虑问题和解决问题的思想方法。计算思维是一种本质的、所有人都必须具备的思维方式，就像阅读、写字和做算术一样，而不是只有计算机科学家才具备的思维方式。

2．信息安全与计算机犯罪

信息安全包括数据安全和信息系统安全两个方面，数据安全指数据的机密性、完整性和可用性，信息系统的安全指信息基础设施安全、信息资源安全和信息管理安全。

常见的保证信息安全的技术措施有加解密技术、防火墙技术、计算机病毒防治技术、安全认证技术、安全操作系统和安全网络协议等。

计算机犯罪是信息化时代的一种新型犯罪，它是指利用计算机技术实施犯罪的行为。计算机犯罪常见的形式有利用计算机技术制作、传播淫秽信息，窃取机密信息、知识产权信息和隐私信息，盗窃钱财，利用黑客软件和计算机病毒程序攻击计算机系统等。

1.2　本章学习重点与难点

1.2.1　学习重点

本章的学习重点主要包括：

(1) 计算和计算的解；

(2) 计算装置的发展史；

(3) 图灵模型组成和图灵测试；

(4) 冯·诺伊曼体系结构；

(5) 信息安全。

1.2.2　学习难点

本章的学习难点主要包括：

(1) 计算装置的发展史；

(2) 图灵模型组成和图灵测试；

(3) 冯·诺伊曼体系结构。

1.3 习题测试

一、单项选择题

1. 计算机科学的理论奠基人是(　　)。

    A. 图灵 　　　　　　　　　　　B. 查尔斯·巴贝奇

    C. 阿塔诺索夫 　　　　　　　　D. 摩尔

2. 在计算机运行时，把程序和数据一起存放在内存中，这是 1946 年由(　　)领导的小组正式提出并论证的。

    A. 冯·诺依曼 　　　　　　　　B. 阿兰·麦席森·图灵

    C. 爱因斯坦 　　　　　　　　　D. 布尔

3. 阿兰·麦席森·图灵对计算机科学的发展作出了巨大贡献，下列说法不正确的是(　　)。

    A. 图灵是著名的数学家、逻辑学家、密码学家，被称为计算机科学之父

    B. 图灵设计了第一台电子计算机

    C. 图灵最早提出关于机器思维的问题，被称为人工智能之父

    D. "图灵奖"是为奖励那些对计算机科学研究与推动计算机技术发展有卓越贡献的杰出科学家而设立的

4. 1804 年提花织布机的设计中蕴含了现代计算机的哪种重要思想(　　)。

    A. 可编程思想 　　　　　　　　B. 二进制

    C. 并行处理 　　　　　　　　　D. 递归

5. 世界上第一台电子计算机于(　　)在美国问世。

    A. 1945 年 　　　　　　　　　　B. 1946 年 2 月 15 日

    C. 1947 年 　　　　　　　　　　D. 1942 年

6. 关于世界上第一台电子计算机，下列说法正确的是(　　)。

    A. 世界上第一台电子计算机的名字叫埃尼阿克(ENIAC)

    B. 世界上第一台电子计算机是由德国研制的

    C. 世界上第一台电子计算机诞生于 1949 年

    D. 世界上第一台电子计算机使用的是晶体管逻辑部件

7. 采用大规模集成电路或超大规模集成电路的计算机属于(　　)计算机。

    A. 第一代 　　　B. 第二代 　　　C. 第三代 　　　D. 第四代

8. 关于信息社会，下列说法不正确的是(　　)。

    A. 在信息社会，信息技术催生了大批新兴产业，同时，传统产业也普遍实行技术 改造

    B. 信息社会中信息产业高度发展，在产业结构中的优势地位日益突出

    C. 信息社会中所有的工业生产都是自动化的

    D. 计算机的发明是第三次科技革命的重要标志，是人类文明史上继蒸汽技术革命和电力技术革命之后科技领域里的又一次重大飞跃

9. 关于信息技术(Information Technology，IT)，下列说法正确的是(   )。

    A. 信息技术无法对工业社会形成的传统设备进行技术改造，使其成为智能设备

    B. 现代信息技术是指以微电子技术、计算机技术和通信技术为特征的技术

    C. 在信息社会，所有的信息处理中都用到了信息技术

    D. 在信息处理的每一个环节，都必须使用信息技术

10. 下列内容属于信息素养(Information Literacy)的是(   )。

    A. 信息原则   B. 信息知识

    C. 信息素质   D. 信息水平

11. 计算机的应用领域可大致分为几个方面，下列正确的是(   )。

    A. 工程计算、数据结构、文字处理

    B. 数值处理、人工智能、操作系统

    C. 计算机辅助教学、外存储器、人工智能

    D. 实时控制、科学计算、数据处理

12. 人工智能是让计算机模仿人的一部分智能，下列哪项不属于人工智能领域中的应用(   )。

    A. 信用卡   B. 人机对弈

    C. 机械手   D. 机器人

13. 对计算机发展趋势的叙述，描述不正确的是(   )。

    A. 精确度越来越高   B. 速度越来越快

    C. 容量越来越小   D. 体积越来越小

14. 计算机技术应用广泛，以下属于科学计算方面的是(   )。

    A. 图像信息处理   B. 信息检索

    C. 火箭轨道计算   D. 视频信息处理

15. 冯·诺依曼在总结研制第一台计算机时，提出两个重要的改进是(   )。

    A. 采用 ASCII 编码系统

    B. 引入 CPU 和内存储器的概念

    C. 采用二进制和存储程序控制的概念

    D. 采用机器语言和十六进制

16. 根据计算机的(   )，计算机的发展可划分为四代。

    A. 体积   B. 运算速度

    C. 应用范围   D. 主要元器件

17. 第二代计算机用(   )作为外存储器。

    A. 纸带、卡片   B. 纸带、磁盘

    C. 卡片、磁盘   D. 磁盘、磁带

18. 信息技术是指利用(   )和现代通信手段实现获取信息、传递信息、存储信息、处理信息、显示信息、分配信息等的相关技术。

    A. 传感器   B. 识别技术

C. 电话、电视线　　　　　　　　　　　D. 计算机

19. 办公自动化(OA)是计算机的一项应用，按计算机应用的分类，它属于(　　)。

A. 科学计算　　　　　　　　　　　　B. 信息处理

C. 实时控制　　　　　　　　　　　　D. 辅助设计

20. 计算机集成制造系统是(　　)。

A. CAD　　　　　　B. CIMS　　　　　C. CAM　　　　　D. MIPS

21. 计算机信息安全是指(　　)。

A. 保障计算机使用者的人身安全

B. 计算机能正常运行

C. 计算机不被盗窃

D. 计算机中的信息不被泄露、篡改和破坏

22. 计算机安全通常包括硬件、(　　)的安全。

A. 数据和运行　　　　　　　　　　B. 软件和数据

C. 软件、数据和操作　　　　　　　D. 软件

23. 计算机病毒是指(　　)。

A. 编译出现错误的计算机程序

B. 设计不完善的计算机程序

C. 遭到人为破坏的计算机程序

D. 以破坏计算机功能为目的的计算机程序

24. 下列叙述中，正确的是(　　)。

A. 所有计算机病毒只在可执行文件中传染

B. 计算机病毒可通过读写移动存储器或 Internet 进行传播

C. 只要把带毒U盘设置成只读状态，那么此盘的病毒就不会因读盘而传染给另一台计算机

D. 计算机病毒是由于光盘表面不清洁而造成的

25. 计算机病毒破坏的主要对象是(　　)。

A. 软盘　　　　　　　　　　　　　B. 磁盘驱动器

C. CPU　　　　　　　　　　　　　D. 程序和数据

26. 关于计算机病毒的预防，以下说法错误的是(　　)。

A. 在计算机中安装防病毒软件，定期查杀病毒

B. 不要使用非法复制和解密的软件

C. 在网络上的软件也带有病毒，但不进行传播和复制

D. 采用硬件防范措施，如安装微机防病毒卡

27. 目前防病毒软件的作用是(　　)。

A. 检查计算机是否染有病毒，消除已感染的部分病毒

B. 杜绝病毒对计算机的侵害

C. 检查计算机是否染有病毒，消除已感染的任何病毒

D. 查出计算机已感染的任何病毒，消除其中的一部分

28. 计算机病毒对于操作计算机的人(　　)。

A．只会感染，不会致病 　　　　　　B．会感染致病

C．不会感染 　　　　　　　　　　　D．会有不适

29．目前计算机防病毒体系还不能做到的是(　　)。

A．自动完成查杀已知病毒 　　　　　B．自动跟踪未知病毒

C．自动查杀未知病毒 　　　　　　　D．自动升级并发布升级包

30．下列关于计算机病毒的四条叙述中，有错误的一条是(　　)。

A．计算机病毒是一个标记或一个命令

B．计算机病毒是人为制造的一种程序

C．计算机病毒是一种通过磁盘、网络等媒介传播、扩散，并能传染其他程序的
程序

D．计算机病毒是能够实现自身复制，并借助一定的媒体存在的，它具有潜伏
性、传染性和破坏性

31．下列选项中，不属于计算机病毒特征的是(　　)。

A．破坏性 　　　　　　　　　　　　B．潜伏性

C．传染性 　　　　　　　　　　　　D．免疫性

32．下列叙述中，正确的是(　　)。

A．反病毒软件通常滞后于计算机新病毒的出现

B．反病毒软件总是超前于病毒的出现，它可以查、杀任何种类的病毒

C．感染过计算机病毒的计算机具有该病毒的免疫性

D．计算机病毒会危害计算机用户的健康

33．为确保单位局域网的信息安全，防止来自 Internet 的黑客入侵，采用(　　)以实
现一定的防范作用。

A．网管软件 　　　　　　　　　　　B．邮件列表

C．防火墙软件 　　　　　　　　　　D．杀毒软件

34．对不断出现的通过互联网传播的计算机新病毒，最佳对策应该是(　　)。

A．尽可能少上网 　　　　　　　　　B．不打开电子邮件

C．安装还原卡 　　　　　　　　　　D．及时升级防杀病毒软件

35．私自闯入他人计算机系统的人，通常被称为(　　)。

A．程序员 　　　　　　　　　　　　B．IT 精英

C．黑客 　　　　　　　　　　　　　D．网络管理员

36．关于防火墙的说法，不正确的是(　　)。

A．防止外界计算机病毒侵害的技术

B．阻止病毒向网络扩散的技术

C．隔离有硬件故障的设备

D．一个安全系统

37．不属于 Web 服务器的安全措施的是(　　)。

A．保证注册账户的时效性 　　　　　B．服务器专人管理

C．强制用户使用不易被破解的密码 　D．所有用户使用一次性密码

38．以下关于防火墙的说法，不正确的是(　　)。

A. 防火墙是一种隔离技术

B. 防火墙的主要工作原理是对数据包及来源进行检查，阻断被拒绝的数据

C. 防火墙的主要功能是查杀病毒

D. 尽管利用防火墙可以保护网络免受外部黑客的攻击，但其目的只能够提高网络的安全性，不可能保证网络绝对安全

39. 下列关于网络安全服务的叙述中( )是错误的。

A. 应提供访问控制服务以防止用户否认已接收的信息

B. 应提供认证服务以保证用户身份的真实性

C. 应提供数据完整性服务以防止信息在传输过程中被删除

D. 应提供保密性服务以防止传输的数据被截获或篡改

40. 以下属于软件盗版行为的是( )。

A. 复制不属于许可协议允许范围之内的软件

B. 对软件或文档进行租赁、二级授权或出借

C. 在没有许可证的情况下从服务器进行下载

D. 以上皆是

41. 网络安全涉及范围包括( )。

A. 加密、防黑客　　　　　　　　B. 防病毒

C. 法律政策和管理问题　　　　　D. 以上皆是

42. 为防止黑客(Hacker)的入侵，下列做法有效的是( )。

A. 关紧机房的门窗　　　　　　　B. 在机房安装电子报警装置

C. 定期整理磁盘碎片　　　　　　D. 在计算机中安装防火墙

二、填空题

1. 世界上第一台现代电子计算机叫做＿＿＿＿＿＿，世界上第一台"存储程序(二进制)"计算机叫做＿＿＿＿＿。

2. 现代电子计算机采用的物理器件是＿＿＿＿＿＿＿＿＿。

3. 图灵在计算机科学方面的主要贡献是提出＿＿＿＿＿＿＿＿＿＿。

4. 根据用途及其使用的范围，计算机可以分为＿＿＿＿＿和＿＿＿＿＿＿。

5. 信息素养包括四个方面，分别是＿＿＿＿＿＿＿、＿＿＿＿＿、＿＿＿＿＿和＿＿＿＿＿。

6. 在信息社会，工业社会所形成的各种生产设备将会被＿＿＿＿＿所改造，成为一种智能化的设备。

7. 从计算机所采用的器件看，PC(个人计算机)属于第＿＿＿＿＿代电子计算机。

8. 信息安全包括＿＿＿＿＿和＿＿＿＿＿两个方面。

9. 从技术层面上讲，计算机安全涉及物理安全、＿＿＿＿＿和信息自身安全。

10. 按计算机病毒入侵系统的途径可将计算机病毒分为源码病毒、入侵病毒、＿＿＿＿＿和外壳病毒。

11. 计算机病毒的主要特征是＿＿＿＿＿、隐藏性、破坏性和潜伏性。

12. 按病毒设计者的意图和破坏性大小，可将计算机病毒分为良性病毒和＿＿＿＿＿。

13．计算机病毒不会造成计算机_____损坏。

14．根据计算机病毒传染方式进行分类，计算机病毒分为引导型、可执行文件型、_____和混合型病毒。

15．宏病毒是指用_____语言编写的寄存在 Office 文档上的宏代码。

16．防火墙技术主要包括_____和应用层网关两种。

17．防火墙是指一个由硬件和软件设备组合而成、在内部网和外部网之间、专用网与公用网之间的界面上构造的_____，主要是为了加强两个或多个网络间的边界防卫能力。

18．木马病毒是一种伪装潜伏的_____病毒，等待时机成熟就发作进行恶意破坏。

19．计算机_____的发作要在用户的机器里运行客户端程序，一旦发作，就可设置后门，定时地发送该用户的隐私到木马程序制定的地址，一般同时内置可进入该用户电脑的端口，并可任意控制此计算机，进行文件删除、拷贝、改密码等非法操作。

三、简答题(要抓住重点、言简意赅)

1．简述电子计算机发展的历程，说明每一代电子计算机的主要特点以及对人类生活最具影响力的技术有哪些。

2．计算机安全面临哪些威胁？

3．简述日常防范计算机病毒的主要措施。

4．什么是计算机犯罪与黑客？其危害主要表现在哪些方面？如何防范？

Python 简介

2.1　内容概要与精讲

要将计算的解转换为计算机能理解并自动执行的形式，需要借助于计算机语言，计算机语言分为低级语言和高级语言。本章选取 Python 语言 3.0 版本作为体验计算的语言。Python 语言是一个高层次的，结合了解释性、编译性、互动性的面向对象的脚本语言，即通过解释器直接运行 Python 程序。它具有很强的可读性，具有比其他语言更有特色的语法结构。它是一门既简单又功能强大的编程语言，非常适合程序设计初学者学习。

本章主要内容如下：

- Python 语言简介及其基本元素，包括基本的输入和输出函数。
- Python 内置数据结构。
- 控制结构。
- 函数。
- 面向对象基础。

2.1.1　Python 简介及其基本元素

1．Python 简介和安装

Python 是 Guido van Rossum 在 20 世纪 90 年代初期创建的一门被广泛使用的高级编程语言。它是跨平台、开源、免费的解释型高级动态编程语言，支持伪编译将 Python 源程序转换为字节码来优化程序并提高运行速度。

Python 支持命令式编程、函数式编程，完全支持面向对象程序设计，语法简洁清晰，拥有大量的几乎支持所有领域应用开发的成熟扩展库。

Python 属于"胶水语言"，它可以把多种不同语言编写的程序融合到一起实现无缝拼接，更好地发挥不同语言和工具的优势，满足不同应用领域的需求。

Python 的下载安装地址：https://www.python.org/。

2．Python 的基本元素

Python 的基本元素包括数据类型、常量、转义符、对象、运算符和表达式，下面分别介绍这些基本元素。

Python 定义了 6 组标准数据类型：Number(数字)、String(字符串)、List(列表)、Tuple(元组)、Sets(集合)、Dictionary(字典)。

常量：指不需要改变也不能改变的字面值，如数字 3、列表[1, 2, 3]都是常量。

转义符：在 Python 语言中提供了一些特殊的字符常量，它们被称为转义符。通过转义符可以在字符串中插入一些无法直接输入的字符，如换行符、引号等。每个转义符的开头都以反斜杠(\)为标志。例如"\n"代表一个换行符，这里的"n"不再代表字母 n，而作为"换行"符号。常用的以"\"开头的转义符如表 2-1 所示。

表 2-1　常用转义符

转　义　符	意　义
\b	退格
\f	走纸换页
\n	换行
\r	回车
\t	横向跳格(Tab)
\'	单引号
\"	双引号
\\	反斜杠

对象：是自然界的客观存在，在 Python 中处理的一切都是对象。每个对象都有一个类型，它规定了程序可以对该类型对象进行哪些操作。如数字 3 就是一个对象。对象分为标量(不可分)和非标量(可分)。

运算符：运算符分为算术运算符、关系运算符、逻辑运算符三类，下面是一些常用的运算符。

- + (加号)：9 + 2 结果为 11。
- − (减号)：9 − 2 结果为 7。
- / (除号)：9/2 表示 9 除以 2，结果为 4.5。
- * (乘号)：9*2 表示 9 乘以 2，结果为 18。
- // (整除)：9//2 的值为 4。
- % (求余)：9%2 的值为 1。
- ** (次方)：9**2 的值为 81。
- > (大于)：9>2 结果为 true。
- >= (大于等于)：9>=2 结果为 true。
- < (小于)：9<2 结果为 false。
- <= (小于等于)：9<=2 结果为 false。
- == (等于)：9==2 结果为 false。
- != (不等于)：9!=2 结果为 true。
- and (与运算)：9 and 2 结果为 2，9 and 0 结果为 0。
- or (或运算)：9 or 0 结果为 9。

- not (非运算)：not 9 结果为 false，not 0 结果为 true。

表达式：对象和运算符构成表达式，表达式运算后会得到一个值，称为表达式的值。如表达式 2*3/5−1.5+1 and 2 or 1，其对应的值为 2。

3．字符串

字符串是使用单引号、双引号或三引号引起来的字符序列。例如：'hello!'、"hello!"、'''hello'''。字符串类型的对象值是一串字符，用"len()"测定字符串的长度。例如：len('abc')结果为 3。

字符串可以进行的运算有算术运算、索引、截取片断。

(1) 算术运算：

```
>>> 'c'              #一个字符 c
>>> 'c'+ 'c'         #两个字符连接 'cc'
>>> 3*'c'            #字符重复，值为 'ccc'
```

(2) 索引：'abc' [0]的值为 'a'。

(3) 截取片断：'abc' [1:3]的值为 'bc'。

s[0:end]表示从字符串 s 的 0 索引值开始到索引 end-1 处字符构成的字符串。

4．变量和赋值

变量：在程序运行过程中可以被改变的量称为变量。在 Python 中的变量并不直接存储值，而是存储了值的内存地址或者引用。

变量的命名规则如下：

(1) 必须以字母或下划线开头。

(2) 变量名中不能有空格或标点符号。

(3) 不能为系统的保留关键字。

(4) 变量名对英文字母的大小写敏感。如 A 和 a 是两个不同的变量。

变量引用对象即变量绑定对象，例如下面的代码：

```
x=0                 #将对象 0 与变量 x 关联
x="hello"           #将字符串与变量 x 关联
x=[1, 2, 3]         #将列表与变量 x 关联
```

多重赋值，例如下面的代码：

```
x=2                 #将对象 2 与变量 x 关联
x, y=2, 3           #将对象 2 与变量 x 关联，对象 3 与变量 y 关联，多重赋值
x, y=y, x           #交换 x，y 的值
```

5．基本的输入和输出函数

1) input 函数

input 函数用于获取用户输入的数据，参数是一个作为提示符的字符串。其一般格式为

```
x = input ('提示：')
```

input 函数的使用如图 2-1 所示。

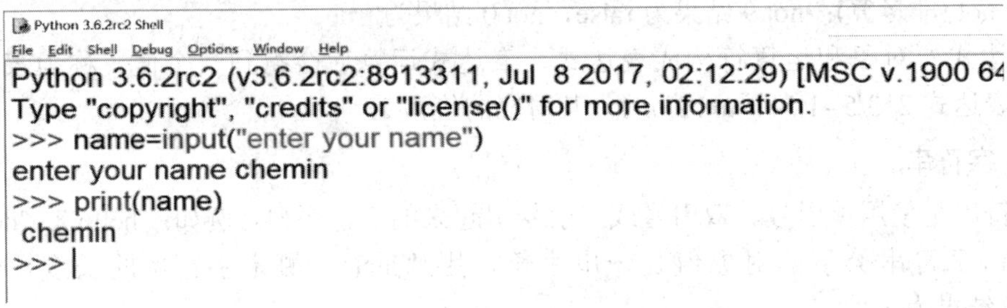

图 2-1　input 函数的使用

注意：在 Python 3.x 版本中，input 将用户输入作为一个字符串读入，需要将输入转换为其他类型对象来使用。例如下面的代码：

```
>>> x = input('Please input:')
Please input:3
>>> print(type(x))
<class 'str'>
>>> x = input('Please input:')
Please input:'1'
>>> print(type(x))
<class 'str'>
```

思考：如何将通过 input 输入函数输入的数据由字符串转换为所需要的类型？
提示：
- 用所需转换的类型名作为函数。
- 利用 eval 函数。
将字符串转换为需要的类型如图 2-2 所示。

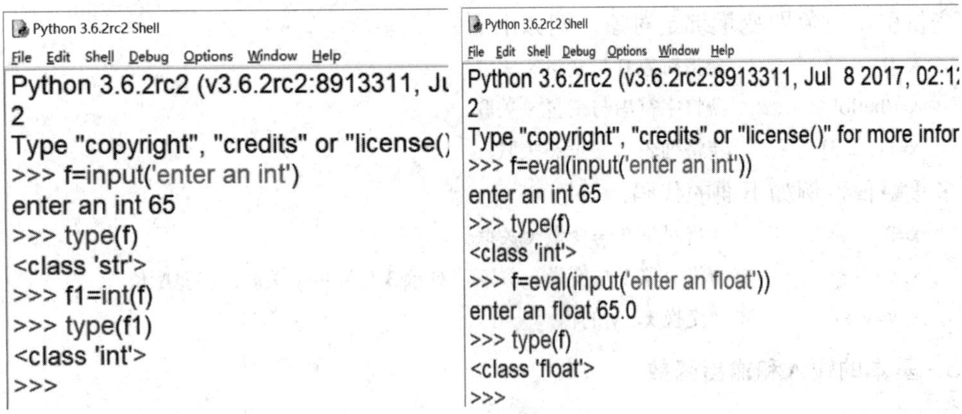

图 2-2　将字符串转换为需要的类型

2) print 输出函数

print 输出函数有以下三种：

(1) 直接输出。代码如下：

```
>>> a=3
>>> print(a)
3
>>> b=4
>>> print(a, b)
3 4
>>>
```

(2) 格式输出。代码如下：

```
>>> a=3
>>> print("%d" %a)
3
>>> b=3.5
>>> print("%d, %f" %(a, b))
3, 3.500000
>>>
```

(3) 更改结束标记的输出。print 函数的结束标记默认为换行，可以通过 print(a,end="_")进行更改。这里的 end = "_"，引号中的字符就是结束标记符，若 end = "\t"，则结束标记即为制表位。如果结束标记符为空，则用 end=" 表示，如下列程序段所示。(在 Python 中单引号和双引号可以通用)

```
>>> for i in range(4):
    print(i)
0
1
2
3
>>> for i in range(4):
    print(i, end=')
0123
>>>
```

例 1　求一元二次方程 $ax^2 + bx + c = 0$ 的根。a、b、c 由键盘输入，假定 $b^2 - 4ac > 0$。

解　由数学知识可得

$$x = \frac{-b \pm \sqrt{b^2 - 4ac}}{2a}$$

可以将上面的分式分为两项：

$$p = \frac{-b}{2a}, \qquad q = \frac{\sqrt{b^2 - 4ac}}{2a}$$

$$x_1 = p + q, \qquad x_2 = p - q$$

则本题求解方程根的源程序如下：

```
import   math
a=eval(input('enter a:'))
b=eval(input('enter b:'))
c=eval(input('enter c:'))
disc=b*b-4*a*c
p= -b/(2.0*a)
q=math.sqrt(disc)/(2.0*a)
x1=p+q
x2=p-q
print('x1=%f, x2=%f'%(x1, x2))
```

6. 模块的导入与使用

Python 默认安装仅包含部分基本或核心模块，但用户可以安装大量的扩展模块。在 Python 启动时，仅加载了很少的一部分模块，在需要时由程序员显式地加载(可能需要先安装)其他模块。导入模块的方式有以下两种：

(1) import 模块名，其导入代码如下：

```
>>> import math
>>> import sys,random
```

(2) from 模块名称 import 对象名[as 别名]，其导入代码如下：

```
from math import   * #调用 math 中的函数是不需要前缀"math. "
>>> from math import sin
>>> sin(3)
0.1411200080598672
>>> from math import sin as f   #别名
>>> f(3)
0.141120008059867
```

2.1.2　Python 内置数据结构

1. 列表

列表通常表示的是相关数据的一个集合。列表中的所有元素放在一对方括号内，元素之间使用逗号分隔，列表中的每个元素都有一个索引值，索引值小的元素在顺序上排在前面，其中的元素可以是任意类型。例如：[1, 2, 3]，['a', 'b', ['c', 2]]，[1, 2, '2', 4, [1, 2, 3], 5]。

1) 特点

列表是 Python 中内置的有序可变序列；当列表元素增加或删除时，列表对象自动扩展或收缩内存，保证元素之间没有缝隙；一个列表中的数据类型可以各不相同。

2) 列表常用方法

常用的列表方法如表 2-2 所示。

表 2-2　常用的列表方法

方　法	说　明
lst.append(x)	将元素 x 添加至列表 lst 的尾部
lst.extend(L)	将列表 L 中的所有元素添加至列表 lst 的尾部
lst.insert(index, x)	在列表 lst 的指定位置 index 处添加元素 x，该位置后面的所有元素后移一个位置
lst.remove(x)	在列表 lst 中删除首次出现的指定元素 x，该元素之后的所有元素前移一个位置
lst.pop([index])	删除并返回列表 lst 中下标为 index(默认为 −1)的元素
lst.clear()	删除列表 lst 中的所有元素，但保留列表对象
lst.index(x)	返回列表 lst 中第一个值为 x 的元素的下标，若不存在值为 x 的元素，则抛出异常
lst.count(x)	返回指定元素 x 在列表 lst 中出现的次数
lst.reverse()	对列表 lst 中的所有元素进行逆序

3) 列表的创建与删除

(1) 用 "=" 直接赋值。例如：

>>> a_list = ['a', 'b', 'mpilgrim', 'z']

>>> a_list = []

(2) 可以使用 list()函数将元组、range 对象、字符串或其他类型的可迭代对象类型的数据转换为列表。例如：

>>> a_list = list((3,5,7,9,11))

>>> a_list

[3, 5, 7, 9, 11]

>>> list(range(1,10,2))

[1, 3, 5, 7, 9]

>>> list('hello world')

['h', 'e', 'l', 'l', 'o', ' ', 'w', 'o', 'r', 'l', 'd']

>>> x = list()　　# 创建空列表

(3) 列表删除。当列表不再使用时，可使用 del 命令删除整个列表，如果列表对象所指向的值不再被其他对象指向，则 Python 将同时删除该值。如下所示：

>>> del　a_list

>>> a_list

Traceback (most recent call last):

　　File "<pyshell#6>", line 1, in <module>

　　　　a_list

NameError: name 'a_list' is not defined

4) 列表元素的索引

元素的索引从 0 开始，从左至右递增，如果索引值为负数，则从右边开始递减，如图 2-3 所示。

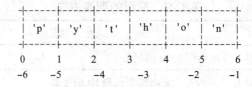

图 2-3　列表元素的索引

例如：

```
>>> a_list=[1, 2, 3, 4]
>>> a_list[0]
1
>>> a_list[-1]
4
>>>
```

5) 列表的片段

用"列表名[起始下标：结束下标+1]"表示列表的片段。例如列表 a = [0, 1, 2, 3, 'red', 'green', 'blue']，其片段截取代码如下：

```
>>> a=[0, 1, 2, 3, 'red', 'green', 'blue']
>>> a[0]
0
>>> a[5]
'green'
>>> a[3:]              #截取从下标为 3 开始的所有元素
[3, 'red', 'green', 'blue']
>>> a[3:5]            #截取从下标为 3 开始到下标 4 结束的元素
[3, 'red']
>>> a[:2]            #截取从首元素开始到下标为 1 结束的元素
[0, 1]
>>>
```

2. 元组

元组和列表类似，但属于**不可变序列**，元组一旦创建，用任何方法都不可以修改其元素。从语法上看，元组与列表类似，只是将"[]"改成"()"。如果元组中只有一个元素，则后面的逗号不能省略。例如：(2, –5, 6)和(3,)分别表示两个元组。

1) 元组的特点

元组属于不可变序列，其元素不可修改。

2) 元组的创建与删除

(1) 使用"="将一个元组赋值给变量。例如：

```
>>>a_tuple = ('a', 'b', 'mpilgrim', 'z', 'example')
>>> a_tuple
```

```
('a', 'b', 'mpilgrim', 'z', 'example')
>>> a = (3)
>>> a
3
>>> a = (3,)                      #包含一个元素的元组，最后必须多写个逗号
>>> a
(3,)
>>> a = 3,                        #也可以这样创建元组
>>> a
(3,)
>>> x = ()                        #空元组
```

(2) 使用 tuple()函数将其他序列转换为元组。例如：

```
>>> tuple('abcdefg')             #把字符串转换为元组
('a', 'b', 'c', 'd', 'e', 'f', 'g')
>>> aList
[-1, -4, 6, 7.5, -2.3, 9, -11]
>>> tuple(aList)                 #把列表转换为元组
(-1, -4, 6, 7.5, -2.3, 9, -11)
>>> s = tuple()                  #空元组
>>> s
()
```

(3) 使用 del 可以删除元组对象，不能删除元组中的元素。

(4) 元组与列表的区别如下。

① 元组中的数据一旦定义，就不允许更改。而列表中的数据可以进行修改。

② 元组没有 append()、extend()、insert()等方法，无法向元组中添加元素。而这三种方法在列表中都存在。

③ 元组没有 remove()或 pop()方法，也无法对元组元素进行 del 操作，不能从元组中删除元素。而在列表中可以通过这两种方法进行列表元素的删除。

④ 从效果上看，tuple()冻结列表，而 list()融化元组。

⑤ 元组的速度比列表更快。如果定义了一系列常量值，而所需做的操作仅是对它进行遍历，那么一般使用元组而不用列表。

⑥ 元组对不需要改变的数据进行"写保护"，这将使得代码更加安全。而列表就不具有此特点。

3. 字典

字典是一种特殊的数据类型，字典类型的对象可以存储任意被索引的、无序的数据类型。与列表类似，只是字典中元素的索引不一定是整数了，字典中的索引称为关键字(key)。语法上，字典用"{}"组织一组数据，每个数据的组织形式是 key:value，即键值对。

1) 字典的特点

字典中的数据是无序的，不能如列表和元组对象那样索引访问元素。

2) 字典的创建

例如字典：

d = {key1 : value1, key2 : value2 }

注意：它们的键/值对用冒号分割，而各个对用逗号分隔。例如：

d = {'Jan':1, 'Feb':2, 'Mar':3, 'Apr':4, 'May':5, 1:'Jan', 2:'Feb', 3:'Mar', 4:'Apr', 5:'May'}

3) 字典类型对象的常用操作

字典类型对象的常用操作有：

- len(d)：返回 d 中元素的个数。
- d.keys()：返回一个列表，包含了 d 的所有关键字。
- d.values()：返回一个列表，包含了 d 的所有值。
- k in d：如果关键字 k 在 d 中，则返回 true；否则，返回 false。
- d[k]：返回 d 中与关键字 k 关联的值。
- d[k]=v：将 v 赋值给 d 中关键字 k 关联的值。
- for k in d：对 d 中所有的关键字进行循环。(k 只是循环次数的控制)
- del d[k]：删除 k 对应的键值对。

2.1.3 控制结构

1. 选择结构

1) 单分支选择 if 语句(条件执行)

单分支选择 if 语句如下：

```
if 表达式:
    语句块
if a > b:
    a, b = b, a
print(a, b)
```

2) 双分支结构 if 语句

双分支结构 if 语句如下：

```
if 表达式:
    语句块 1
else:
    语句块 2
```

3) 多分支结构 if 语句

多分支结构 if 语句如下：

```
if 表达式 1:
    语句块 1
elif 表达式 2:
    语句块 2
```

　　　　elif　表达式 3:

　　　　　　语句块 3

　　　　else:

　　　　　　语句块 4

　　4) 选择结构嵌套语句

　　选择结构嵌套语句如下:

　　　　if　表达式 1:

　　　　　　语句块 1

　　　　　　if　表达式 2:

　　　　　　　　语句块 2

　　　　　　else:

　　　　　　　　语句块 3

　　　　else:

　　　　　　if　表达式 4:

　　　　　　　　语句块 4

　　注意: 在 Python 语言中,用代码块的缩进来体现代码之间的逻辑关系,缩进结束就表示一个代码块结束了;同一个级别的代码块的缩进量必须相同;一般而言,以 4 个空格为基本缩进单位。

　　5) 选择结构应用举例

　　例 2　将成绩从百分制变换为等级制,分数大于等于 90 为"A"级,大于等于 80 为"B"级,大于等于 70 为"C"级,大于等于 60 为"D"级,小于 60 为"E"级。

　　源程序如下:

```
score= eval(input('input score'))
if score>=90:
    print ('A')
elif score>=80:
    print('B')
elif score>=70:
    print('C')
elif score>=60:
    print('D')
else:
    print('E')
```

2. 循环结构

　　Python 提供了两种基本的循环结构语句——while 循环语句、for 循环语句。while 循环语句多用于循环次数难以提前确定的情况,也可以用于循环次数确定的情况;for 循环语句多用于循环次数可以提前确定的情况。相同或不同的循环结构之间都可以互相嵌套,实现更为复杂的逻辑结构。

1) while 循环语句一般形式

　　while　条件表达式：

　　　　循环体

　　[else：

　　　　else 子句代码块]　# else 部分可以省略

2) for 循环语句的一般形式

　　for　取值　in　序列或迭代对象：

　　　　循环体

　　[else：

　　　　else 子句代码块]

注意：else 和 while 语句搭配使用时或者 else 和 for 语句搭配使用时，不再是条件判断的含义，而是当 while 条件不成立时，直接跳出 while 循环，执行 else 子句。

3) break 和 continue 语句

break 语句的功能是强行结束循环，转向执行循环语句后的下一条语句。continue 语句的功能是中断循环体的本次执行(即跳过循环体中尚未执行的语句)，立即开始执行下一次循环，continue 语句只能用于循环结构中。

4) 循环应用举例

例3　打印九九乘法表。

源程序如下：

```
for i   in   range(1,10):
    for j   in   range (1,i+1):
        print(i, '*',j,'=',i*j,end='\t')        #\t 是制表位
    print('\n')
```

例4　计算小于 100 的最大素数。

素数：公约数只有 1 和本身。

源程序如下：

```
for n in range(100,1,-1):
    for i in range(2,n):
        if n%i==0:
            break
    else:                    ###注意 else 子句的使用
        print(n)
        break
```

思考：如果要输出小于 100 的所有素数，则上述代码需要做哪些更改？

2.1.4　函数

将可能需要反复执行的代码封装为函数，并在需要该功能的地方进行调用。使用函数增强了代码的可重用性、可读性和可维护性。函数分为库函数和自定义函数。

1．函数的定义语法

一般形式如下：

```
def  函数名(参数列表):
    '''注释'''
    函数体
```

注意：

- 函数形参不需要声明其类型，也不需要指定函数返回值的类型。
- 即使该函数不需要接收任何参数，也必须保留一对空的圆括号。
- 括号后面的冒号必不可少。
- 函数体相对于 def 关键字必须保持一定的空格缩进。
- Python 允许嵌套定义函数。

例如，输出两个数中值较大的数的函数定义如下：

```
def   maxinum(x,y):
    if   x>y:
        return x
    else:
        return y
```

2．返回值

函数返回值通过 return 语句返回。当程序执行到 return 语句时，返回函数值同时结束该函数。如果函数中没有 return 语句，或者有 return 语句，但是没有执行到，或者只有 return 语句而没有返回值，则 Python 将认为该函数以 return None 结束。

3．函数的实参和形参

函数定义时，括弧内为形参，一个函数可以没有形参，但是括弧必须要有，表示该函数不接受参数。函数调用时，向其传递实参，将实参的值或引用传递给形参。在定义函数时，对参数个数并没有限制，如果有多个形参，则要使用逗号将其进行分隔。

4．函数的调用

函数调用的一般形式如下：

```
函数名(实参)
```

例如，用下面的程序段可以实现下面右侧框中的函数调用。(框中的"＞＞＞"是 Python 编译器中自带的符号，每一行代码的开头都有)

```
def   maxinum(x,y):
    if   x>y:
        return x
    else:
        return y
```

```
函数调用
>>> maxinum(2,3)
3
>>>
```

5．函数递归调用

函数的递归调用是函数调用的一种特殊情况，函数调用自己，自己再调用自己，……，当某个条件得到满足的时候就不再调用了，然后再一层一层地返回，直到该函数的第一次调用。例如，数学函数 $y = f(x) = 1 \times 2 \times 3 \times 4 \times 5 \times \cdots x$。

函数的递归调用可以定义为

```
def f(x):
    y =1
    for i in range(1,x+1):
        y=y*i
    return y
```

直观表示这种形式的函数如下：

```
def f(x):
    if x==1:
        return 1
    else:
        return x*f(x-1)
```

6．变量作用域

Python 程序中声明的变量有其作用范围，称为变量的作用域。一个函数内声明的变量只在函数内部有效。例如下面的程序：

```
def f(x):
    y=1
    x=x+y            #函数 f 中的变量 x,y 作用域仅限于函数内部
    print('x=', x)
    return x
x=7
y=2                  #此处的变量 x=7 和 y=2 与函数 f 中的变量 x 和 y 无关
z=f(x)
print('z=', z )
print('x=', x)
print('y=', y)
```

上面程序的运行结果为

```
x=8, z=8, x=7, y=2
```

2.1.5 面向对象基础

面向对象程序设计(Object Oriented Programming，OOP)的思想主要是针对大型软件设计提出的，使得软件设计更加灵活，能够很好地支持代码复用和设计复用，代码具有更好的可读性和可扩展性，大大降低了软件开发的难度。面向对象程序设计的一个关键性观念是将数据以及对数据的操作封装在一起，组成一个相互依存、不可分割的整体(对象)，不同对象之间通过消息机制来通信或者同步。对于相同类型的对象(Object)进行分类、抽象后，得出共同的特征而形成了类(Class)，**面向对象程序设计的关键是如何合理地定义这些类，并且组织多个类之间的关系。**

Python 是面向对象的解释型高级动态编程语言，**完全支持面向对象的基本功能，**如封装、继承、多态以及对基类方法的覆盖或重写。创建类时，用变量形式表示对象特征的成员称为**数据成员(Attribute)**，用函数形式表示对象行为的成员称为**成员方法(Method)**，数据成员和成员方法统称为类的成员。需要注意的是，Python 中对象的概念很广泛，**Python 中的一切内容都可以称为对象，函数也是对象，类也是对象**。

1．面向过程和面向对象

1) 面向过程

面向过程就是分析出解决问题所需要的步骤，然后用函数一步一步实现这些步骤，使用的时候一个一个依次调用就可以了。

2) 面向对象

面向对象是把构成问题的事务分解成各个对象，建立对象的目的不是为了完成一个步骤，而是为了描述某个事物在所有解决问题的步骤中的行为。

面向对象是一种思维方法；面向对象也是一种编程方法；面向对象并不只针对某一种编程语言。

2．面向对象程序设计的基本概念

面向对象程序设计的基本概念包括：

(1) 对象：面向对象程序设计的思想可以将一组数据以及与这组数据有关的操作组装在一起，形成一个实体，这个实体就是对象。

(2) 类：具有相同或相似性质的对象的抽象就是类。因此，对象的抽象是类，类的具体化就是对象。例如，如果人类是一个类，则一个具体的人就是一个对象。

(3) 封装：将数据和操作捆绑在一起，定义一个新类的过程就是封装。

(4) 继承：描述了类之间的关系，在这种关系中，一个类共享了一个或多个其他类定义的结构和行为。子类可以对基类的行为进行扩展、覆盖、重定义。如果人类是一个类，则可以定义一个子类"男人"。"男人"可以继承人类的属性(如姓名、身高、年龄等)和方法(即动作。例如，吃饭和走路)，在子类中就无需重复定义这些属性和方法了。从同一个类中继承得到的子类也具有多态性，即相同的函数名在不同子类中有不同的表现和行为。就如同子女会从父母那里继承到人类共有的特性，而子女也具有自己独立的特性。

(5) 方法：也称为成员函数，是指对象上的操作，作为类声明的一部分来定义的。方法定义了可以对一个对象执行的操作。

(6) 构造函数：一种成员函数，用来在创建对象时初始化对象。构造函数一般与它所属的类完全同名。

3．类的定义和使用

1) 类的定义

Python 使用 class 关键字来定义类，class 关键字之后是一个空格，接下来是类的名字。类名的首字母一般要大写，当然也可以按照自己的习惯，一般建议按照惯例来命名。其基本语法如下：

```
class 类名:
```

成员变量成员函数

同样，Python 使用缩进标识类的定义代码，例如以下程序：

```
class Person:
    def SayHello(self):
        print("Hello!")
```

可以看到，在成员函数 SayHello()中有一个参数 self。这也是类的成员函数(方法)与普通函数的主要区别。类的成员函数必须有一个参数 self，而且位于参数列表的开头。self 就代表类的实例(对象)自身，可以使用 self 引用类的属性和成员函数。在后面部分还会结合实际应用介绍 self 的使用方法。

2) 对象的定义

对象是类的实例。例如，如果人类是一个类的话，那么某个具体的人就是一个对象。只有定义了具体的对象，才能使用类。

Python 创建对象的方法如下：

```
对象名=类名()
```

例如，下面的代码定义了一个类 Person 的对象 p，创建该对象的方法的 Python 语句是

```
p=Person()
p.SayHello()
```

程序运行的结果：

```
Hello!
```

4．成员变量与成员方法

1) 成员变量

类的成员变量可以分为两种，一种是公有变量，一种是私有变量。公有变量可以在类的外部访问，它是类与用户之间交流的接口。用户可以通过公有变量向类中传递数据，也可以通过公有变量获取类中的数据。在类的外部无法访问私有变量，从而保证类的设计思想和内部结构并不完全对外公开。

Python 使用下划线作为变量的前缀和后缀来指定特殊变量，规则如下：

- 成员变量格式，如＿＿xxx，是私有成员变量，其他格式的成员变量都是公有变量。
- 系统定义特殊变量的名字格式，如用＿＿xxx＿＿表示。

例如：定义一个字符串类 MyString，定义成员变量 str，并同时对其赋初始值，程序如下：

```
class MyString:
    str="MyString"
        def output(self):
            print(self.str)
    s=MyString()
    s.output()
```

2) 构造函数

构造函数是类的一个特殊函数，它拥有一个固定的名称，即＿＿init＿＿。

注意：函数名是以两个下划线开头、以两个下划线结束的。

当创建类的对象实例时，系统会自动调用构造函数，通过构造函数对类进行初始化操作。例如：

```
class MyString:
    def_ _ init_ _ (self):
        self. str="MyString"
    def output(self):
        print(self. str);
s=MyString()
s. output()
```

程序运行结果：

```
MyString
```

3) 成员方法

在面向对象程序设计中，函数和方法这两个概念是有本质区别的。方法一般指与特定实例绑定的函数，通过对象调用方法时，对象本身将被作为第一个参数自动传递过去，普通函数不具备此特点。例如：

```
class    UserInfo:
    def_ _ init_ _(self, name, pwd):
        self. username=name
        self.pwd=pwd
    def output(self):
        print("用户: "+self.username+"\n 密码: "+self.pwd)
u=UserInfo("admin", "123456")
u.output()
```

程序运行结果如下：

```
用户: admin
密码: 123456
```

5．继承、多态

1) 继承

设计一个新类时，如果可以继承一个已有的、设计良好的类，然后进行二次开发，则可以大幅减少开发的工作量，并且可以很大程度地保证质量。在继承关系中，已有的、设计好的类为父类(也称为基类)，新设计的类称为子类(也称为派生类)。派生类可以继承父类的公有成员，但不能继承其私有成员。例如：

```
class Animal(object):        # Animal 类派生自 object 类
    def run(self):
        print(' Animal is running...')
class Dog(Anima1):           # Dog 类派生自 Animal 类
    pass
```

```
class Cat(Anima1):        #Cat 类派生自 Animal 类
    pass


dog=Dog()
dog.run()
cat=Cat()
cat.run()
```

程序运行结果如下：

```
Animal is running...
Animal is running...
```

继承有什么好处？最大的好处是子类获得父类的全部功能。在上面的程序中，由于 Animal 实现了 run()方法，因此，Dog 和 Cat 作为它的子类，就自动拥有了 run()方法。

2) 多态

多态(polymorphism)是指基类的同一个方法在不同派生类对象中具有不同的表现和行为。派生类继承了基类的行为和属性之后，还会增加某些特定的行为和属性，同时还可能会对继承来的某些行为进行一定的改变，这就是多态形式，正所谓龙生九子，子子皆不同。

2.2 本章学习重点与难点

2.2.1 学习重点

1．Python 中的基本元素

Python 中的基本元素的学习重点有：

(1) 基本数据类型；

(2) 各种运算符的运算规则，如算术运算符、关系运算符、逻辑运算符等；

(3) 字符串。

2．控制结构

Python 的控制结构的学习重点有：

(1) if 语句的三种形式；

(2) if 语句的嵌套；

(3) while、for 循环语句的使用。

3．内置数据结构

Python 的内置数据结构的学习重点是列表、元组、字典。

4．函数

Python 函数的学习重点有：

(1) 函数的定义及形参；

(2) 函数的调用、返回值、实参；

(3) 变量的作用域。

5．面向对象基础知识

略。

2.2.2　学习难点

1．控制结构

控制结构的学习难点有：

(1) if 语句的三种形式以及 if 语句嵌套的逻辑缩进表示；

(2) while、for 循环语句执行过程；

(3) break、continue 语句的使用。

2．内置数据结构

内置数据结构的学习难点是列表的使用方法。

3．函数

Python 函数的学习难点有：

(1) 函数调用；

(2) 递归函数。

4．面向对象基本应用

略。

2.3　习 题 测 试

一、单项选择题

1．执行下列语句后的显示结果是(　　　)。

  >>> world="world"

  >>> print("hello"+world)

  A．helloworld   B．"hello" world

  C．hello world   D．语法错

2．下列标识符中合法的是(　　　)。

  A．I'm   B．_   C．3Q   D．for

3．执行下列语句后的显示结果是(　　　)。

  >>> from math import sqrt

  >>> print(sqrt(3)*sqrt(3)==3)

  A．3   B．True

  C．False   D．sqrt(3)*sqrt(3)==3

4．设 s="Happy New Year"，则 s[3:8]的值为(　　　)。

  A．'ppy Ne'   B．'py Ne'

  C．'ppy N'   D．'py New'

5．算法是指(　　)。

  A．数学的计算公式   B．程序设计语言的语句序列

  C．对问题的精确描述   D．解决问题的精确步骤

6．type(1+2*3.14)的结果是(　　)。

  A．<type 'int'>   B．<type 'long'>

  C．<type 'float'>   D．<type 'str'>

7．下列不合法的表达式为(　　)。

  A．x in range(6)   B．3=a

  C．e>5 and 4==f   D．(x−6)>5

8．若 k 为整型，则下述 while 循环执行的次数为(　　)。

```
k=1000
while k>1:
    print (k)
    k=k/2
```

  A．9   B．10   C．11   D．1000

9．下列语句不符合语法要求的是(　　)。

```
for  var  in _____:
print  (var)
```

  A．range(0, 10)   B．"Hello"

  C．(1, 2, 3)   D．{1 2, 3, 4, 5}

10．为了给整型变量 x, y, z 都赋初值为 10，下面正确的 Python 赋值语句是(　　)。

  A．xyz=10   B．x=10 y=10 z=10

  C．x=y=z=10   D．x=10, y=10, z=10

11．下列 Python 程序的运行结果是(　　)。

```
a=[1,2,3,4]
a.append([5,6])
print(len(a))
```

  A．2   B．4   C．5   D．6

12．下列选项中不是面向对象程序设计基本特征的是(　　)。

  A．继承   B．多态   C．可维护性   D．封装

13．下列 Python 程序的运行结果是(　　)。

```
s1=[4,5,6]
s2=s1
s1[1]=0
print(s2)
```

  A．[4, 5, 6]   B．[4, 0, 6]   C．[0, 5, 6]   D．[4, 5, 0]

14．语句 x=input()执行时，如果从键盘输入 12 并按回车键，则 x 的值是(　　)。

  A．12   B．12.0   C．1e2   D．'12'

二、填空题

1. 表达式 1/4 + 2.75 的值是_____。

2. 表达式 1//4+2.75 的值是_____。

3. 高级程序设计语言必须由_____或者_____翻译成低级语言。

4. 给出 range(1, 10, 3) 的值：_____。

5. 给出计算 $2^{31}-1$ 的 Python 表达式：_____。

6. Python 源代码程序文件扩展名为_____。

7. Python3.x 中，语句 print(1, 2, 3, sep=':') 的输出结果是_____。

8. Python3.x 中，语句 print(1, 2, 3, sep=',') 的输出结果是_____。

9. 表达式 8**(1/3) 的值为_____。

10. 表达式 int(4**0.5) 的值为_____。

11. 已知 x=3，那么执行语句 x+=6 之后，x 的值为_____。

12. 已知 x=[1, 2, 3, 2, 3], 执行语句 x.pop() 之后，x 的值为_____。

13. 已知 x=[1, 2, 3, 2, 3], 执行语句 x.pop(0) 之后，x 的值为_____。

14. Python 提供了两种基本的循环结构：_____和_____。

15. 关键字_____用于测试一个对象是否为一个可迭代对象的元素。

16. 表达式 1 < 2 < 3 的值为_____。

17. 表达式 3 or 5 的值为_____。

18. 表达式 3 and 5 的值为_____。

19. 表达式 0 or 5 的值为_____。

20. 表达式 3 and not 5 的值为_____。

21. Python 中用于表达逻辑与、逻辑或、逻辑非运算的关键字分别是_____、_____、_____。

22. 表达式 sum(range(10)) 的值为_____。

23. 表达式 sum(range(1, 10, 2)) 的值为_____。

24. Python 使用_____关键字来定义类。

三、判断题

1. 函数 eval() 用于对数值表达式进行求值，例如 eval(2*3+1)。　　　　　(　　)

2. 执行了 import math 之后即可执行语句 print (sin(pi/2))。　　　　　(　　)

3. Python 可以不加声明就使用变量。　　　　　(　　)

4. Python 可以不对变量(如 a)初始化，就可在表达式(如 b=a+1)中使用该变量。　(　　)

5. 选择排序算法是一个时间复杂度为 nlogn 的算法。　　　　　(　　)

6. hanoi 塔的解法体现了分而治之方法的典型用途。　　　　　(　　)

7. 一个函数中只允许有一条 return 语句。　　　　　(　　)

8. Python 语言是面向对象的。　　　　　(　　)

9. Python 是一种跨平台、开源、免费的高级动态编程语言。　　　　　(　　)

10. Python3.x 完全兼容 Python2.x。　　　　　(　　)

11. 已知 x=3，那么赋值语句 x='abcdef' 是无法正常执行的。　　　　　(　　)

12．在 Python3.x 中，内置函数 input()把用户的键盘输入一律作为字符串返回。（　　）

13．Python 变量使用前必须先声明，并且一旦声明就不能在当前作用域改变类型。

（　　）

14．放在一对三引号之间的任何内容将被认为是注释。（　　）

15．函数是代码复用的一种方式。（　　）

16．在 Python 中，使用关键字 define 定义函数。（　　）

17．定义 Python 函数时必须指定函数的返回值类型。（　　）

18．不同作用域中的同名变量之间互相不影响。（　　）

19．函数内部定义的局部变量会在函数调用结束后被自动删除。（　　）

四、阅读程序，写结果。

1．
```python
def   func(s,i,j):
    if i<j :
        func(s, i+1, j-1)
        s[i],s[j]=s[j], s[i]
################
a=[10, 6, 23, -90, 0, 3]
func(a, 0, len(a)-1)
for i in range(6):
    print(a[i])
```
结果：_____。

2．
```python
i=1
while i+1:
    if i>4:
        print("%d\n" % i)
        i+=1
        break
    print("%d\n" % i)
    i+=1
    i+=1
```
结果：_____。

3．
```python
def func(a, b):
    if a<b:
        a, b=b, a
    r=a%b
    if r==0:
        return b
    else:
        return func(b, r)
```

```
ans=func(15, 9)
print(ans)
```

结果：＿＿＿＿＿＿＿＿＿。

4．
```
def foo (list,num):
    if num==1:
        list.append (0)
    elif num==2:
        foo(list, 1)
        list.append(1)
    elif num>2:
        foo(list,num-1)
        list.append(list[-1]+list[-2])


mylist=[]
foo(mylist, 10)
print(mylist)
```

结果：＿＿＿＿＿＿＿＿＿＿＿。

5．阅读程序，调用 DtoB 函数时 n 的值是 10，程序运行结果是＿＿＿＿＿＿＿＿。

```
def DtoB(n):
    if n==0:
        return
    else:
        DtoB(n//2)
    print(n%2, end=' ')
```

6．阅读程序，写出程序的执行结果是＿＿＿＿＿＿＿＿＿＿＿＿。

```
def  f(x):
        y=1
        x=x+y
        print('x=', x)
        return x
x=7
y=2
z=f(x)
print('z=', z)
print('x=', x)
print('y=', y)
```

7．阅读程序，写出程序的执行结果是＿＿＿＿＿＿＿＿＿＿＿＿。

```
def f(a, b, c):
        x=y=0
```

```
for i in range(c):
        x=x+a
        y=x+y+b
    return x


print(f(6, -2, 4))
```

五、编写程序

1．用户输入一个三位自然数，计算并分别输出其百位、十位和个位上的数字。

2．已知三角形的两边长及其夹角，求第三边长。

3．判断一个数是否为素数，如果是素数，则输出"Yes"；否则，输出"No"。

4．由 1、2、3、4 四个数字，能组成多少个互不相同且无重复数字的三位数？都是多少？

5．打印出所有的"水仙花数"，所谓"水仙花数"是指一个三位数，其各位数字的立方和等于该数本身。例如：153 是一个"水仙花数"，因为 $153 = 1^3 + 5^3 + 3^3$。

6．请输出 100 以内的最大素数。

7．请输出 100 以内的所有素数。

8．请输出九九乘法表。

9．编写函数，接收字符串参数，返回一个元组，其中第一个元素为大写字母的个数，第二个元素为小写字母的个数。

10．编写函数，接收一个整数 t 作为参数，打印 t 行杨辉三角。

11．编写函数，接收两个正整数作为参数，返回一个元组，其中第一个元素为最大公约数，第二个元素为最小公倍数。

计 算 思 维

/////////////////////////////////

3.1 内容概要与精讲

计算思维应成为信息社会每个人必须具备的基本技能。本章围绕计算思维的核心概念——逻辑思维、算法思维、问题求解策略、抽象与建模、解的评价以及算法、数据结构与程序等进行讲解。

本章主要内容如下：
- 计算思维的概述。
- 逻辑思维与算法思维。
- 问题求解策略。
- 抽象与建模。
- 算法、数据结构与程序。
- 解的评价。

3.1.1 计算思维概述

美国卡内基·梅隆大学的周以真教授对计算思维的定义是：计算思维是运用计算机科学的基础概念去求解问题、设计系统和理解人类的行为，它包括一系列广泛的计算机科学的思维方法。计算思维的本质是"两个 A"——抽象(Abstraction)和自动化(Automation)。计算思维的六大特征如下：

(1) 计算思维是概念化的，而不是程序化的。

(2) 计算思维是根本的，而不是刻板的技能。

(3) 计算思维是人的思维，而不是计算机的思维方式。

(4) 计算思维是数学和工程思维的互补和融合。

(5) 计算思维是思想，而不是人造物。

(6) 计算思维面向所有人、所有地方，而不是计算机专家独有的。

3.1.2 逻辑思维与算法思维

1. 逻辑思维

逻辑是关于推理的科学，是一种用于区分正确和不正确论证的系统。所谓论证，指的是从假设出发，经过一系列推理，得出结论的过程。逻辑包含一组规则，当将这组规则应用于论证时，能证明论证是成立的。

在逻辑推理中，所有已知的事实称为前提。前提的表示形式是带有真假含义的陈述句，因此，每个前提都对应一个值即"真"或"假"。有了前提后，可以在此基础上进行推理，得出结论。推理的方法分为演绎推理和归纳推理。逻辑推理对掌握计算思维非常重要。

2．算法思维

算法思维建于逻辑思维之上，但不等同于逻辑思维，算法既要基于逻辑做出逻辑判断，又要基于逻辑判断执行某些动作，算法是现实计算机系统的根本。

在设计问题解决方案时，必须对逻辑有很好地理解，并能将自然语言描述的问题正确转换成符号逻辑，在逻辑的基础上推理出算法步骤。算法描述的是过程性的知识，这是利用计算思维设计问题解决方案的基石，因此需要掌握算法思维来正确地组织解决方案的动作序列。

3.1.3　问题求解策略

1．基本步骤

人进行问题求解的过程可归纳为以下的步骤。

(1) 理解问题：概括出问题的输入是什么，输出是什么，问题的限定条件和目标又是什么。

(2) 制订计划：准备如何解决问题，设计出图论模型、数学模型、规划模型。

(3) 执行计划：按照制订的计划，具体解决问题。

(4) 回头看：在问题解决后，检查结果。

2．分解法

在各种解题策略中，分解法是计算思维的核心。分解法将对问题进行划分，得到一组子问题，子问题是易于理解的，并且其解是显而易见的。通常，这种分解过程会一直持续下去，直到每个子问题的解都很简单为止。在分解的过程中，子问题与原问题会形成一棵树。

分解的结果是制订详细解题计划的起点。分解将大问题拆分成小问题。

3．模式与归纳

问题的求解不仅是找到一个解决方案就停止了，还需要在得出解决方案之后，对其进行改进，使其更具效力。解决的问题多了，可以仔细观察问题之间的相似性，从而找出解决方案中的相似性，归纳出具有普适性的解决方案。

归纳是将解决方案中的小步骤合成较大的步骤。归纳的目的是为了改进问题的解，使其更易于处理，适用于更多相似的问题。

3.1.4　抽象与建模

1．抽象

抽象是计算思维的核心概念。抽象包含两个含义：一是指舍弃事务的非本质特征，仅保留与问题相关的本质特征；二是指从众多的具体实例中抽取其共同的、本质的特征。

2．建模

建模是对抽象出来的结果，进行描述，包括静态的属性和动态的行为。建模的结果是各种模型，是对现实世界事务的各种表示，即抽象后的表现形式。

模型分为静态模型和动态模型。静态模型描述的是系统在某一时间点上的实体及其关系。动态模型展示的是模型随时间发生的变化，其目的是解释随着时间的推移，模型状态变化的情况。通常涉及以下两个要素。

(1) 状态：特定时间的实体状况。

(2) 迁移：状态的一次变化。

3.1.5　算法、数据结构与程序

1．算法

算法的概念、描述、特性及算法设计常用策略定义如下：

- 算法的概念：为了解决一个特定问题而采取的有限步骤。
- 算法的描述：文字描述、图形描述、伪代码描述等方法。
- 算法的特性：有穷性、确定性、可行性、至少 1 个输出、0 或多个输入。有穷性指的是算法在有限步骤内必须停下来。确定性是指算法的步骤是明确的，而不是模棱两可的。可行性是指算法的步骤是有效的。
- 算法设计常用策略：分治法、贪婪法、回溯法、分支限界法和动态规划。

2．经典算法举例

1) 辗转相除法

辗转相除法又名欧基里德算法(Euclidean Algorithm)，它是求两个正整数(M 和 N)的最大公因子的算法。它是已知的最古老的算法，可追溯至 3000 年前。辗转相除法用伪代码描述如下：

```
IF M<N THEN SWAP M,N
R=M MOD N
DO WHILE R<.>0
    M=N
    N=R
    R=M MOD N
LOOP
PRINT N
```

2) 冒泡排序

冒泡排序的思想：依次比较相邻的两个元素，如果它们的顺序不符合要求，则交换它们的位置。重复进行此规则，直到所有元素的顺序满足排序要求。

3) 背包问题

假定背包的最大容量为 W，有 N 件物品，每件物品都有自己的价值和重量，将这些物品放入背包中，使得背包内物品的总价值最高，如图 3-1 所示。

图 3-1 背包问题

背包问题分析:

目标函数: $\sum p_i$ 最大(其中 p 是价格,下标 i 是第 i 个物品)。

约束条件: $\sum w_i \leq$ 背包承重量。

下面给出三种贪婪准则对应的三种策略。

【策略1】 选取价值最大者,如图 3-2 所示。

```
W=30
物品: A    B    C
重量: 28   12   12
价值: 30   20   20
```

图 3-2 策略 1

根据策略 1,首先选取物品 A,接下来由于背包容量不足,因此就无法再选取 B、C 了,但实际上,如果选取 B 和 C,则物品的总价值更高。

【策略2】 选取重量最小,如图 3-3 所示。

```
W=30
物品: A    B    C
重量: 28   12   10
价值: 30   15   10
```

图 3-3 策略 2

根据策略 2,首先选取物品 B 和 C,接下来由于背包容量不足,因此就无法再选取 A 了,但实际上,如果选取 A,则物品的总价值更高。

【策略3】 选取价值密度最大,如图 3-4 所示。

```
W=30
物品: A    B    C
重量: 28   20   10
价值: 28   20   10
```

图 3-4 策略 3

根据策略 3,三种物品单位重量价值一样,程序无法依据现有的策略做出判断。选取 B 和 C 显然比选择 A 更好。

根据贪婪准则，无论采用哪种策略，一定都能找到一个解，但不能保证得到最优解。贪婪法在每一步做选择时，都是按照某种标准，在当前状态下采用最有利的选择，以期望获得较好的解。贪婪法并非在任何情况下都能找到问题的最优解。

4) 递归算法

有些问题比较复杂，问题的解决又依赖于类似问题的解决，只不过后者的复杂程度较低或规模比前者更小，而且一旦将问题的复杂程度降低，并且将问题规模化简到足够小时，问题的解法就非常简单，这类问题采用递归的方法解决。

递归在数学与计算机科学中，是指在函数的定义中使用函数自身的方法。

3. 数据结构

数据结构是指相互之间存在的一种或多种特定关系的数据元素的集合。数据结构主要研究的内容如下：

- 数据的逻辑结构。
- 数据的存储结构。
- 对各种数据结构进行的运算。

数据的逻辑结构通常分为集合结构、线性结构、树结构和图结构。

(1) 集合结构：数据之间是属于同一集合的关系，集合的特征是结构内的数据是可区分的、无序的。

(2) 线性结构：数据是一个有序数据元素的集合，每一个元素有一个索引值，元素与索引值成一一对应关系。线性结构有线性表、栈、队列、双队列、数组、串等。队列的特点是先进先出。栈的特点是先进后出。

(3) 树结构：该结构是具有层次的嵌套结构，该结构中的数据成一对多的关系。

(4) 图结构：该结构是一种复杂的数据结构，该结构内的数据存在多对多的关系，也称为网状结构。

4. 程序设计语言

用某种程序设计语言编写代码，代码就是程序编码。程序应包括两方面的内容，一是数据结构，二是操作步骤。

著名的计算机科学家沃斯提出的公式：程序=数据结构+算法。

当今使用的程序设计语言很多，分为低级语言和高级语言。

1) 低级语言

低级语言包括机器语言和汇编语言。机器语言是计算机可以直接识别的语言。汇编语言是对机器语言进行符号化的结果。汇编语言借用助记符来编写程序，摆脱了复杂、繁琐的二进制数据。其特点：计算机不可以直接执行，需要汇编器；比机器语言更抽象，与具体机器关联紧密。

2) 高级语言

高级语言更接近于数学语言和自然语言，其特点：与具体机器无关，易学、易用。高级语言编写的程序也不能直接在计算机上执行，需要编译器或解释器将高级语言转化为计算机能理解的指令。

3.1.6 解的评价

1. 解是否正确

评价解的最重要的指标是解的正确性。从技术层面上讲，保证程序的正确性是计算机科学中的"大问题"，通常用数学的方法来证明程序是正确的。但在实际工程中，数学的方法代价太大，基本上都是采用测试的方法来评价解的正确性。测试是不完备的，因为要把程序的所有可能输入都测试一遍是不可能的。测试无法证明程序没有错误，只能暴露出程序中的错误。随着通过的测试越来越多，人们对被测程序的正确性就会越来越自信。

2. 解的效率如何

衡量解的效率的指标包括：算法的时间复杂度和算法的空间复杂度。

(1) 算法的时间复杂度：指算法需要消耗的时间资源，一般用算法中操作次数的多少来衡量，用"O(几何图形符号)"来表示。算法复杂度的比较如图 3-5 所示。

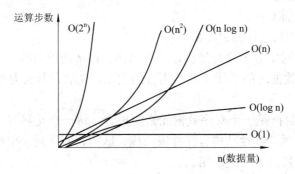

图 3-5 算法复杂度的比较

(2) 算法的空间复杂度：指算法需要消耗的空间资源，即占用的存储空间的大小。空间复杂度函数 $S(n)$ 一般用"O"来表示。

3.2 本章学习重点与难点

3.2.1 学习重点

本章的学习重点主要包括：
(1) 计算思维的定义和特征；
(2) 问题求解步骤；
(3) 抽象和建模；
(4) 算法的概念、特性和策略；
(5) 算法评价。

3.2.2 学习难点

本章的学习难点主要包括：

(1) 问题求解策略；

(2) 抽象和建模；

(3) 算法设计的策略；

(4) 算法的评价。

3.3　习 题 测 试

一、单项选择题

1. "曹冲称象"的方法利用的算法思想是(　　)。

　　A. 贪婪法　　　　　　B. 回溯法　　　　C. 动态规划　　　　　D. 分治法

2. 关于计算系统与程序，下列说法正确的是(　　)。

　　A. 只有用计算机语言编写出来的代码才是程序，其他都不能称其为程序

　　B. 构造计算系统是不需要程序的，程序对构造计算系统没有什么帮助

　　C. 任何系统都需要程序，只是这个程序可以由人来执行也可以由机器自动执行，可以由机器自动执行程序的系统被称为计算系统

　　D. 程序是用户表达的随使用者目的不同而千变万化的复杂动作，不是使用者实现的，而是需要计算系统事先完成的

3. 关于程序，下列说法不正确的是(　　)。

　　A. "程序"是由人编写的、以告知计算系统实现人所期望的复杂动作

　　B. "程序"可以由系统自动解释执行，也可以由人解释由系统执行

　　C. 普通人是很难理解"程序"的，普通人也和"程序"无关

　　D. "程序"几乎和每个人都有关系，如自动售票系统、自动取款机等

4. 关于程序，下列说法不正确的是(　　)。

　　A. 程序的基本特征是复合、抽象与构造

　　B. 复合就是对简单元素的各种组合，即将一个(些)元素代入到另一个(些)元素中

　　C. 抽象是对各种元素的组合进行命名，并将该名字用于更复杂的组合构造中

　　D. 程序就是通过组合、抽象、再组合等构造出来的

　　E. 上述说法有不正确的

5. 关于"递归"，下列说法不正确的是(　　)。

　　A. "递归"源自于数学上的递推式和数学归纳法

　　B. "递归"与递推式一样，都是从递推基础开始计算，由前项(第 $n-1$ 项)计算后项(第 n 项)，直至最终结果的获得。

　　C. "递归"是自后项(即第 n 项)向前项(第 $n-1$ 项)代入，直到递归结束获取结果，再由前项计算后项获取结果，直至最终结果的获得

　　D. "递归"是由前 $n-1$ 项计算第 n 项的一种方法

6. 人类应具备的三大思维能力是指(　　)。

　　A. 抽象思维、逻辑思维和形象思维　　　B. 实验思维、理论思维和计算思维

　　C. 逆向思维、演绎思维和发散思维　　　D. 计算思维、理论思维和辩证思维

7．计算思维是运用计算机科学的(　　)进行问题求解、系统设计以及人类行为理解等涵盖计算机科学之广度的一系列思维活动。

  A．思维方式   B．程序设计原理

  C．基础概念   D．操作系统原理

8．程序通常需要三种不同的控制结构，即顺序结构、分支结构和循环结构，下面说法正确的是(　　)。

  A．一个程序只能包含一种结构

  B．一个程序最多可以包含两种结构

  C．一个程序可以包含以上三种结构中的任意组合

  D．一个程序必须包含以上三种结构

9．算法的空间复杂度是指(　　)。

  A．算法程序的长度   B．算法程序中的指令条数

  C．算法程序所占的存储空间 D．执行过程中所需要的存储空间

10．下列叙述中，正确的是(　　)。

  A．计算机能直接识别并执行用高级程序语言编写的程序

  B．用机器语言编写的程序可读性最差

  C．机器语言就是汇编语言

  D．高级语言的编译系统是应用程序

11．一个算法必须有(　　)输入量，用于描述要解决的问题。

  A．1个   B．多个

  C．零个或多个   D．零个

12．算法的时间复杂度是指(　　)。

  A．执行算法程序所需要的时间

  B．算法程序的长度

  C．算法执行过程中所需要的基本运算次数

  D．算法程序中的指令条数

13．用高级程序设计语言编写的程序(　　)。

  A．计算机能直接执行

  B．具有良好的可读性和可移植性

  C．执行效率高但可读性差

  D．依赖于具体机器，可移植性差

二、判断题

1．动态规划是以贪婪法为基础，将原问题分解为相似的子问题，在求解的过程中通过子问题的解求出原问题的解。   (　　)

2．低级语言是计算机不需要任何翻译就可以执行的语言。 (　　)

3．计算思维最根本的内容，即其本质是抽象和自动化。 (　　)

4．计算思维说到底就是计算机编程。 (　　)

5．计算思维是一种思想，不是人造物。 (　　)

6．汇编语言的特点是由二进制组成，CPU 可以直接解释和执行。 （ ）

7．计算的复杂度指的是随着问题规模的增长，求解所需存储空间的变化情况。（ ）

8．机器语言就是汇编语言。 （ ）

三、填空题

1．计算思维是人类求解问题的一条途径，但决非要使人类像_____那样思考。

2．计算思维是运用计算机科学的_____进行问题求解、系统设计以及人类行为理解等涵盖计算机科学之广度的一系列思维活动。

3．计算是我们抽象方法的自动化处理过程，而计算思维活动则是先进行正确的_____，再选择正确的"计算机"去完成任务。

4．对算法的评价通常通过算法的_____和_____来衡量。

5．计算思维的本质是_____和_____。

6．递归在数学与计算机科学中，是指在函数的定义中使用_____的方法。

7．请写出沃斯公式：_____。

8．算法的每个步骤都必须精确地定义，指的是算法的_____。

四、简答题

1．计算思维的定义及其特征是什么？

2．列举出计算思维的核心概念。

3．计算机问题求解过程包括哪些步骤？

4．什么是算法及算法的描述方法？

5．什么是程序？

6．如何评估一个算法的效率？

7．算法设计的常用策略有哪些？

信息编码及数据表示

//////////////////////////

4.1 内容概要与精讲

计算机是人类社会进入信息时代的基础和重要标志，那么信息是什么呢？信息又是如何度量的呢？我们用信息熵来度量信息。数字和符号等各种数据在计算机系统中的存储、加工、传输都用电子元件的不同状态来表示，即用电信号的高低来表示。人们根据计算机的这一特点，选择了计算机数制的表示方法，在计算机中有二进制、八进制、十六进制等数制。

本章主要内容如下：

- 信息论基础。
- 进位计数制。
- 带符号数的表示。
- 数据在计算机中的存储方式。
- 信息编码。

4.1.1 信息论基础

1．信息的定义

香农对信息的定义：信息是事物运动状态或存在方式的不确定性的表述。信息是确定性和非确定性、预期和非预期的组合。

2．信息的度量原则

信息有以下三个度量原则：

(1) 能度量任何信息，并与消息的种类无关。

(2) 度量方法应该与消息的重要程度无关。

(3) 消息中所含信息量和消息内容的不确定性有关。

3．信息量的度量函数

假如在盛夏季节气象台突然预报"明天无雪"的消息，因为这消息出现的概率是百分之百，所以其信息量为0，但是播报"明天有雪"的消息则更令人惊讶，其信息量更大。

事件的不确定程度可以用其出现的概率来描述，如果消息出现的概率越小，则消息中包含的信息量就越大。

令 $P(x)$ 表示消息 x 发生的概率；令 I 表示消息 x 中所含的信息量，则有如下的关系。

$$I = I[P(x)]$$

其中，$I[P(x)]$ 是一个连续函数，是一个严格递增的函数。$P(x)$ 与 I 成反比，即 $P(x)$ 增大，则 I 减小；$P(x)$ 减少，则 I 增大。$P(x) = 1$ 时，$I = 0$；$P(x) = 0$ 时，$I = \infty$。

4．自信息量

自信息量是一个事件(消息)本身所包含的信息量，它是由事件的不确定性决定的，其计算公式如下：

$$I(x) = \log_a \frac{1}{p(x)} = -\log_a p(x)$$

其中 $I(x)$ 表示自信量，$p(x)$ 表示消息 x 发生的概率。若 $a = 2$，则信息量的单位称为比特(bit)，可简记为 b；若 $a = e$，则信息量的单位为奈特(nat)；若 $a = 10$，则信息量的单位为哈特莱(Hartley)。

自信息量分为以下两种情况：

- 事件 x 发生以前，自信息量是事件发生的不确定性的大小。
- 当事件 x 发生以后，自信息量是事件 x 所含或所能提供的信息量。

5．信息熵

自信息量是信源发出某一具体消息所含有的信息量，发出的消息不同，所含有的信息量也就不同。因此自信息量不能用来表征整个信源的不确定度，通常采用平均自信息量来表征整个信源的不确定度。

平均自信息量表示整个信源的不确定度，它指的是事件集所包含的平均信息量，它表示信源的平均不确定性，称其为信息熵，简称熵。

S 为一个信源，发出消息集合 $x_1, x_2, x_3, \cdots, x_n$，$S$ 发出各消息的概率分别为 $p_1, p_2, p_3, \cdots, p_n$，其中：$p_i \geqslant 0$ 并且有 $\sum\limits_{i=0}^{n} p_i = 1$。根据自信息量公式，$S$ 发出消息 x_i，接收端可以获得 $I(p_i) = -\text{lb} p_i$ 的信息量，则每个消息 x_i 包含的平均信息量为

$$H = -\sum_{i=1}^{n} p_i I(p_i) = -\sum_{i=1}^{n} p_i \text{lb} p_i$$

H 称为信源 S 的熵。(注：$\text{lb} = \log_2$)

例题：投掷一枚骰子的结果有六种，即出现 1～6 点，且出现每种情况的概率均为 1/6，故熵 $H = -\sum\limits_{i=1}^{6} \frac{1}{6} \text{lb} \frac{1}{6} = \text{lb} 6 \approx 2.585$ (比特)。

4.1.2　进位计数制

1．计数制

数制也称计数制，是指用一组固定的符号和统一的规则来表示数的方法。按进位方

法进行计数，称为进位计数制。在日常生活中通常以十进制进行计数。除了十进制以外，还有许多非十进制的计数方法，例如计时用 60 秒为 1 分钟、60 分钟为 1 小时，用的是六十进制的计数方法。在计算机系统中采用二进制，其主要原因是由于电路设计简单、运算简单、工作可靠且逻辑性强。常用数制的特点如图 4-1 所示。

$$
常用数制的特点
\begin{cases}
十进制数：逢十进一，由数字\ 0\sim9\ 组成 \\
二进制数：逢二进一，由数字\ 0、1\ 组成 \\
八进制数：逢八进一，由数字\ 0\sim7\ 组成 \\
十六进制数：逢十六进一，由数字\ 0\sim9、A、B、C、D、E、F\ 组成
\end{cases}
$$

图 4-1　常用数制的特点

位权表示法：位权是指一个数字在某个固定位置上所代表的值，处在不同位置上的数字所代表的值不同，每个数字的位置决定了它的值。

例如，十进制数 267.8 可以用如下形式表示：

$$(267.8)_{10} = 2 \times (10)^2 + 6 \times (10)^1 + 7 \times (10)^0 + 8 \times (10)^{-1}$$

位权表示法的特点：

(1) 数字的总个数等于基数；

(2) 每个数字都要乘以基数的幂次，而该幂次由每个数所在的位置决定；

(3) 排列方式是以小数点为界，整数自右向左分别为 0 次幂、1 次幂、2 次幂……小数自左向右分别为负 1 次幂、负 2 次幂、负 3 次幂……

2．数制间的转换

将数由一种数制转换为另一种数制称为数制间的转换。

(1) 十进制整数转换成非十进制整数采用余数法。

余数法：将十进制整数逐次用任意进制数的基数去除，一直到商是 0 为止，然后将所得到的余数由下而上排列即可。

(2) 十进制小数转换成非十进制小数采用取整法。

取整法：将十进制小数不断用其他进制的基数去乘，直到小数的当前值等于 0 或满足所要求的精度为止，最后将所得到的乘积的整数部分由上而下排列即可。

(3) 非十进制数转换成十进制数采用位权法。

位权法：将各非十进制数按权展开，然后求和。

(4) 二进制数转换为八进制、十六进制数分别采用三合一和四合一法。

三合一法：整数从右向左三位合一位，小数从左向右三位并一位。不足三位，用 0 补。

四合一法：整数从右向左四位合一位，小数从左向右四位并一位。不足四位，用 0 补。

(5) 八进制、十六进制数转换成二进制数分别采用一分三法和一分四法。

一分三法：一位拆三位。

一分四法：一位拆四位。

3．二进制数的运算

1) 算术运算

(略)

2) 逻辑运算

逻辑运算的操作数和结果都是单个数位上的操作。位与位之间没有进位和借位关系。逻辑运算的结果只有 1 和 0 两种可能的逻辑值。

逻辑运算包括单目运算和双目运算。单目运算就是逻辑非(NOT)，其规则是 0 变 1，1 变 0；双目运算包括逻辑或(OR)，用运算符号"∨"表示；逻辑与(AND)，用运算符号"∧"表示；异或(XOR)，用运算符号"⊕"表示。

- 逻辑或(OR)运算规则：有 1 则 1，全 0 才 0；
- 逻辑与(AND)运算规则：有 0 则 0，全 1 才 1；
- 异或(XOR)运算规则：相异为 1，相同为 0。

4.1.3 带符号数的表示

1. 无符号二进制数

无符号二进制数只限于正整数的表示。因为无需表示正负数的符号位，所以计算机可以使用所有位来表示数值。通常多采用从低位开始的以 4 位二进制数为一个单位的编码表示方法。用 4 位可以表示 0～15 的 16 个数字，该方法就是十六进制数的表示。为了用 1 个符号表示 10～15 这 6 个数字，通常用字母 A 表示 10、B 表示 11、C 表示 12、D 表示 13、E 表示 14、F 表示 15。

2. 机器数与真值

在数学中，将"+"或"-"符号放在数的绝对值之前来区分该数是正数还是负数，而在计算机内部使用符号位来表示正负，即用二进制数"0"表示正数，用二进制数"1"表示负数，放在数的最左边。这种把符号数值化了的数称为机器数，而把原来的正负符号和绝对值来表示的数值称为机器数的真值。

3. 数的原码、反码和补码表示

(1) 原码：正数的符号位用 0 表示，负数的符号位用 1 表示，数值部分用二进制形式表示，这种表示法称为原码。

(2) 反码：正数的原码和反码相同，负数的反码就是对该数的原码除符号位外的其他各位取反。

(3) 补码：正数的原码和补码相同，负数的补码就是反码加 1。

4. 定点数与浮点数

(1) 定点整数：定点整数是指小数点隐含固定在整个数值的最右边，符号位右边的所有的位数表示的是一个整数，最小数为 1。

(2) 定点小数：定点小数是指小数点隐含固定在最高位的左边，最大数为 0.1。

(3) 浮点数：浮点数是指小数点位置不固定的数，它既有整数部分又有小数部分，如 123.45、33.89 等。

带小数点的实数写成尾数和阶码两部分乘积的形式，尾数部分决定一个数的有效数位(精度)，阶码则决定小数点所移动的位数(范围)。例如：

$$110.011(B) = 1.10011 \times 2^{+10} = 11001.1 \times 2^{-10} = 0.110011 \times 2^{+11}$$

浮点数一般以规格化的形式出现。对于一个数 X，所谓浮点规格化表示是指，如果 X 的值是 0，则其浮点规格化编码全部由 0 组成。如果 X 是一个非 0 的数，则通过调节阶码，使其尾数 M 满足 1/2≤|M|<1，然后用浮点格式编码，该编码就是 X 的浮点规格化。

假设阶码用 8 位二进制表示，尾数用 16 位二进制表示，二进制数 −11.011 和 0.000101 的浮点规格化表示分别如图 4-2 所示(尾数用原码)。

<u>00000010</u> <u>1110110010000000</u>

阶码(补码)　　　尾数(原码)

<u>11111101</u> <u>0101000000000000</u>

阶码(补码)　　　尾数(原码)

图 4-2　二进制数 −11.011 和 0.000101 的浮点规格化表示

4.1.4　数据在计算机中的存储方式

1．数据的单位

计算机所处理的信息包括数值型数据和非数值型数据两类。不论是哪一种类型的数据，在进行数据处理时，这些数据在计算机中都是以二进制方式存储的。

常用术语如下：

- 位(bit)：存储器的最小单位，由数字 0 和 1 组成，简写为"b"。
- 字节(Byte)：8 个二进制位编为一组成为一个字节，简写为"B"。字节是存储信息的基本单位。
- 字(Word)：计算机一次处理数据的长度称为字，由一个或多个字节构成。
- 字长：一个字中所包含的二进制的位数称为字长。

2．存储设备

用来存储信息的设备称为计算机的存储设备，如内存、硬盘、U 盘及光盘等都是常用的存储设备。不论是哪一种存储设备，它的最小单位都是"位"，存储信息的单位是字节，也就是按字节组织存放数据。

(1) 存储单元：存储数据、指令等信息的单位，用字节表示。

(2) 存储容量：存储设备所能容纳的二进制信息的总和，用字节数来表示，如 4 MB、2 GB 等。其中转换关系为 1 KB = 1024 B、1 MB = 1024 KB、1 GB = 1024 MB。

(3) 编址与单元地址：将存储单元以字节为单位进行编号的过程，称为"编址"，存储单元的编号称为"地址"。

4.1.5　信息编码

1．字符编码

将字符转换为二进制编码的过程称为字符编码，国际上广泛采用美国信息交换标准码(ASCII)。ASCII 码有 7 位码和 8 位码两种形式。因为 7 位码是用 7 位二进制数进行编码的，所以可以表示 128 个字符。

2．汉字编码

1) 国标码(也称交换码)

计算机处理汉字所用的编码标准是我国于 1980 年颁布的国家标准 GB2312—1980，其全称是信息交换用汉字编码字符集，简称国标码。国际码共收录了一、二级汉字和图形符号 7445 个，其中图形符号为 682 个，分布在 1～15 区；一级汉字(常用汉字)3755 个，分布在 16～55 区，按照汉语拼音字母顺序排列；二级汉字(不常用汉字)3008 个，按偏旁部首排列，分布在 56～87 区；88 区以后为空白区，以待扩展使用。每个汉字及特殊字符以两个字节的十六进制数值表示。国标码最大的特点就是具有唯一值，即没有重码。

2) 机外码(也称输入码)

机外码是指操作人员通过西文键盘输入的汉字信息编码，它由键盘上的字母(如汉语拼音或五笔字型的笔画部件)、数字及特殊符号组合而成。典型的输入码有微软拼音输入法、紫光输入法、智能 ABC 输入法等。通过上述输入码实现用户在使用计算机时对汉字的输入。

3) 机内码(内码)

机内码是指计算机内部存储、处理汉字所用的编码。输入码通过键盘被计算机接收后就由汉字操作系统的"输入码转换模块"转换为机内码，每个汉字的机内码用两个字节的二进制数表示。为了与 ASCII 码相区别，通常将其最高位置 1，机内码大约可表示 16000 多个汉字。虽然某一个汉字在用不同的汉字输入法时，其外码各不相同，但其内码基本是统一的。

4) 字形码

字形输出码(简称字形码)就是文字信息的输出编码，也就是通常所说的汉字字库，是使用计算机时显示或打印汉字的图像源。汉字字符分为点阵和矢量两种。采用点阵形式，不论一个字的笔画有多少，都可以用一组点阵表示。每一个点即二进制的一个位，用 1 或 0 表示，1 表示黑点，0 表示白点。所有字形码的集合构成的字符集称为字库。一个汉字可以由 16×16、24×24、32×32、128×128 等点阵表示，点阵越大，汉字显示越清楚，不同字体的汉字需要不同的字库。

4.2　本章学习重点与难点

4.2.1　学习重点

本章的学习重点主要包括：

(1) 数制的概念；

(2) 数制间的转换；

(3) 数据在计算机中的表示；

(4) 数据的存储组织方式；

(5) 汉字编码。

4.2.2 学习难点

本章的学习难点主要包括：
(1) 信息论基础；
(2) 原码、反码和补码；
(3) 浮点数的表示。

4.3 习题测试

一、单项选择题

1. 计算机中所有信息以二进制方式表示的最主要的理由是(　　)。
　　A. 节省文件存储空间　　　　　　　　B. 获得较高的运算速度
　　C. 物理器件性能稳定　　　　　　　　D. 信息处理方便

2. 无符号的二进制整数 1011010 转换为十进制数是(　　)。
　　A. 88　　　　　　　　　　　　　　　B. 90
　　C. 92　　　　　　　　　　　　　　　D. 93

3. 十进制的整数 60 转化为二进制数是(　　)。
　　A. 0111100　　　　　　　　　　　　B. 0111010
　　C. 0111000　　　　　　　　　　　　D. 0110110

4. 在下列不同进制的 4 个数中，最小的一个数是(　　)。
　　A. $(44)_{10}$　　　　　　　　　　　　B. $(57)_8$
　　C. $(5A)_{16}$　　　　　　　　　　　　D. $(110111)_2$

5. 十进制数 252.71875 转换为二进制数是(　　)。
　　A. 10011101.10111　　　　　　　　　B. 11111100.01011
　　C. 10001100.111011　　　　　　　　　D. 11111100.10111

6. 下列十进制数中能用 8 位二进制表示的是(　　)。
　　A. 258　　　　　　　　　　　　　　　B. 257
　　C. 256　　　　　　　　　　　　　　　D. 255

7. 二进制数 1011011 转换成八进制、十进制、十六进制数依次是(　　)。
　　A. 133、103、5B　　　　　　　　　　B. 133、91、5B
　　C. 253、171、5B　　　　　　　　　　D. 133、71、5B

8. 十六进制 1000 转换成十进制数是(　　)。
　　A. 4096　　　　　　　　　　　　　　B. 1024
　　C. 2048　　　　　　　　　　　　　　D. 8192

9. 将 $(10.10111)_2$ 转化为十进制数是(　　)。
　　A. 2.78175　　　　　　　　　　　　　B. 2.71785
　　C. 2.71875　　　　　　　　　　　　　D. 2.81775

10. 为了避免混淆，十六进制数在书写时常在后面加字母(　　)。

　　A. H　　　　　　　　　　　　　　B. O

　　C. D　　　　　　　　　　　　　　D. B

11. 二进制数 1011 + 1001 = (　　)。

　　A. 10100　　　　　　　　　　　　B. 10101

　　C. 11010　　　　　　　　　　　　D. 10010

12. $(1110)_2 \times (1011)_2 = ($　　$)$。

　　A. 11010010　　　　　　　　　　B. 10111011

　　C. 10110110　　　　　　　　　　D. 10011010

13. 逻辑运算 $1001 \vee 1011 = ($　　$)$。

　　A. 1001　　　　　　　　　　　　B. 1011

　　C. 1101　　　　　　　　　　　　D. 1100

14. 以下叙述正确的是(　　)。

　　A. 十进制数可用 10 个数码，分别是 1～10

　　B. 一般在数字后面加一个大写字母 B 表示十进制数

　　C. 二进制数只有两个数码：1 和 2

　　D. 计算机内部的编码都使用二进制

15. 5 位二进制无符号数最大能表示的十进制整数是(　　)。

　　A. 64　　　　　　　　　　　　　B. 63

　　C. 32　　　　　　　　　　　　　D. 31

16. 已知 A = 10111110B，B = AEH，C = 184D，关系成立的不等式是(　　)。

　　A. A<B<C　　　　　　　　　　B. B<C<A

　　C. B<A<C　　　　　　　　　　D. C<B<A

17. 在计算机性能指标中，度量存储器空间大小的基本单位是(　　)。

　　A. 字节(Byte)　　　　　　　　　B. 字(Word)

　　C. 二进位(bit)　　　　　　　　　D. 双字(Double Word)

18. 一个字长为 5 位的无符号二进制数能表示的十进制数值的范围是(　　)。

　　A. 1～32　　　　　　　　　　　B. 0～31

　　C. 1～31　　　　　　　　　　　D. 0～32

19. 在微机中，1 GB 等于(　　)。

　　A. 1024 × 1024 B　　　　　　　B. 1024 KB

　　C. 1024 MB　　　　　　　　　　D. 1000 MB

20. 如果删除一个非零无符号二进制整数 1000 的后两个 0，则此数的值为原数的
(　　)。

　　A. 4 倍　　　　　　　　　　　　B. 2 倍

　　C. 1/2　　　　　　　　　　　　D. 1/4

21. 在微机中，bit 的中文含义是(　　)。

　　A. 位　　　　　　　　　　　　　B. 字

　　C. 字节　　　　　　　　　　　　D. 双字

22. 在内存中，每个基本单位都被赋予一个唯一的序号，这个序号称为(　　)。

A．字节
B．编号

C．地址
D．容量

23．计算机中的机器数有三种表示方法，下列( )不是。

A．反码
B．原码

C．补码
D．ASCII

24．对补码的叙述，下列( )是不正确的。

A．负数的补码是该数的反码末位加 1

B．负数的补码是该数的原码末位加 1

C．正数的补码就是该数的原码

D．正数的补码就是该数的反码

25．某台式计算机的内存容量为 256 MB，硬盘容量为 200 GB。硬盘的容量是内存容量的( )。

A．40 倍
B．60 倍

C．800 倍
D．100 倍

26．在标准 ASCII 码表中，已知英文字母 D 的 ASCII 码是 01000100，则英文字母 B 的 ASCII 码是( )。

A．01000001
B．01000010

C．01000011
D．01000000

27．根据汉字国标 GB 2312—1980 的规定，二级汉字的个数是( )。

A．3000 个
B．7445 个

C．3008 个
D．3755 个

28．自然码汉字输入法的编码属于( )。

A．音码
B．音形码

C．区位码
D．形码

29．在下列字符中，其 ASCII 码值最小的一个是( )。

A．控制符
B．9

C．A
D．a

30．存储 1024 个 24×24 点阵的汉字字形码需要的字节数是( )。

A．720 B
B．72 KB

C．7000 B
D．7200 B

31．国际上广泛采用的美国信息交换标准码是指( )。

A．国标码
B．西文字符

C．ASCII 码
D．所有字符编码

32．已知汉字"家"的区位码是 2850D，则其国标码是( )。

提示：区位码 2850D→区位码 H + 2020H = 国标码(其中"→"表示转换为)。

A．4870D
B．3C52H

C．9CB2H
D．A8D0H

33．根据 GB2312—1980 的规定，将汉字分为常用汉字和次常用汉字两级，次常用汉字的排列顺序是按( )。

A．偏旁部首　　　　　　　　　　　B．汉语拼音字母

C．笔画多少　　　　　　　　　　　D．使用频率多少

34．一个汉字的国标码需要 2 个字节存储，其每个字节的最高二进制位的值分别是（　　）。

A．0，0　　　　　　　　　　　　　B．1，0

C．0，1　　　　　　　　　　　　　D．1，1

35．字符比较大小实际上比较的是它们的 ASCII 码值的大小，下列正确的是(　　)。

A．A 比 B 大　　　　　　　　　　　B．H 比 h 小

C．F 比 D 小　　　　　　　　　　　D．9 比 D 大

36．五笔字型码输入法属于(　　)。

A．音码输入法　　　　　　　　　　B．形码输入法

C．音形结合输入法　　　　　　　　D．联想输入法

37．一个 GB2312 编码字符集中的汉字的机内码长度是(　　)。

A．32 位　　　　　　　　　　　　　B．24 位

C．16 位　　　　　　　　　　　　　D．8 位

38．某汉字的区位码是 5448，它的机内码是(　　)。

A．D6D0H　　　　　　　　　　　　B．E5E0H

C．E5D0H　　　　　　　　　　　　D．D5E0H

提示：国际码 = 区位码 + 2020H，汉字机内码 = 国际码 + 8080H。首先将区位码转换成国际码，然后将国际码加上 8080H，即得到机内码。

二、填空题

1．最大的 15 位二进制数换算成十进制数是＿＿＿＿＿＿＿，换算成十六进制数是 7FFF。

2．$(218)_{10}$ = (＿＿＿＿＿＿)₂ = (＿＿＿＿＿＿)₈ = (＿＿＿＿＿＿)₁₆。

3．$(11010101)_2$ = (＿＿＿＿＿)₁₀ = (＿＿＿＿＿)₈ = (＿＿＿＿＿)₁₆。

4．计算机的机内数据，不论是数值型的还是非数值型的，诸如数字、文字、符号、图形、声音等信息，都是用＿＿＿＿＿＿数来表示的。

5．六位无符号二进制整数表示的最大八进制数是＿＿＿＿＿＿。

6．–128 的补码表示为＿＿＿＿＿＿。

7．在计算机系统中对有符号数，通常采用原码、反码和＿＿＿＿＿表示。

8．计算机中，一个浮点数由＿＿＿＿＿和尾数两部分组成。

9．x 的补码为 11110110，其真值为＿＿＿＿＿。

10．+102 的原码为＿＿＿＿＿，反码为＿＿＿＿＿，补码为＿＿＿＿＿。

11．–103 的原码为＿＿＿＿＿，反码为＿＿＿＿＿，补码为＿＿＿＿＿。

12．任一消息的信息量由用于传输该消息的＿＿＿＿和＿＿＿＿的数量构成。

13．标准 ASCII 码字符集总共的编码有＿＿＿＿＿个。

14．在计算机内部，对汉字进行传输、处理和存储时使用的是汉字的＿＿＿＿＿。

15．32 KB 的内存空间能存储＿＿＿＿＿个汉字的内码。

16. 汉字_____码是指汉字库中存储汉字字形信息的逻辑地址码，它与汉字内码之间有着某种对应关系。

17. 为了实现中西文兼容，区分汉字和 ASCII 码字符，汉字机内码的最高位_____，而 ASCII 码的最高位为 0。

三、计算题

1. $(BF3C)_{16} = ($ $)_{10}$

2. $(10101011.00011110110)_2 = ($ $)_8$

3. $(13.875)_{10} = ($ $)_2$

4. $(000100101111.10111)_2 = ($ $)_{10}$

5. 已知 $x = 10111010$，$y = 11101011$，求 $x \wedge y = ($ $)$。

6. 已知 $x = 11011010$，$y = 11101011$，求 $x \vee y = ($ $)$。

7. $0.4D = ($ $)B$。(要求转换精度不低于 10^{-1})。

8. 使用补码计算下列各题，并将所得结果用真值表示，并判断有无溢出(设字长为 8 位)。

(1) $[85 - 60]_{补}$

(2) $[-85 - 60]_{补}$

(3) $[85 + 60]_{补}$

(4) $[-85 + 60]_{补}$

9. 某离散信源由 0、1、2 和 3 共四个符号组成，它们出现的概率分别为 3/8、1/4、1/4 和 1/8，且每个符号的出现都是独立的。试求某消息
2010201302130012032101003210100231020020103120321001120210 (57)位的信息量。

四、简答题

1. 香农给信息的定义是什么？

2. 什么是信息熵？香农利用信息熵回答了什么问题？

3. 简述计算机系统中的信息为何要采用二进制。

4. 简述进位计数制的三要素：基数、数码和位权。

5. 众所周知计算机系统中采用的是二进制，那么为什么还要介绍八、十、十六进制数呢？

6. 何谓机器数和真值？

7. 何谓编址和地址？

8. 有符号数的补码所能表示的整数范围为 $-2^{n-1} \sim +(2^{n-1}-1)$。假设机器字长为 4 位，试问在进行补码运算时如何判断溢出？

9. 在计算机中采用补码来表示正、负数的好处是什么？

10. 何谓 GB2312 码、GBK 码，它们之间有何关系，各自的特点是什么？

11. 什么是机外码、机内码、国标码以及字形输出码？

第 5 章

计算机系统组成与结构

////////////////////////////

5.1　内容概要与精讲

计算机系统由硬件系统和软件系统组成。硬件系统是计算机信息处理的核心装置。本章主要内容是计算机系统的组成结构，各组成部分在进行信息处理中所起的作用，以及整个硬件系统是如何支持信息处理的。

本章主要内容如下：

- 计算机系统概述。
- 中央处理器。
- 存储系统。
- 总线、主板及微机总线。
- 常用的外部设备及输入/输出(I/O)系统。

5.1.1　计算机系统概述

计算机系统由硬件系统和软件系统构成，硬件系统是物理设备，软件系统是支撑物理设备工作的灵魂。

1. 硬件系统

冯·诺依曼体系结构：以美籍匈牙利数学家冯·诺依曼为首的研制小组和参与研制 ENIAC 的主要人员联名发表了计算机史上著名的 101 页报告，提出了存储程序控制的计算机结构，从而奠定了现代计算机的体系结构。

计算机由五个基本部件组成，如图 5-1 所示。

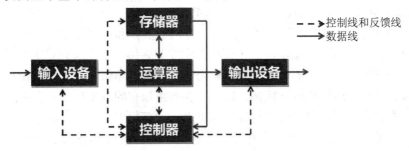

图 5-1　冯·诺依曼体系结构

冯·诺依曼体系结构的特点：

(1) 计算机由五个基本部件组成。

(2) 数据和程序采用二进制编码。

(3) 采用"存储程序"方式，将编制好的程序(指令和数据)预先存入存储器中，计算机工作时自动地从存储器中取出程序代码和数据并加以执行。

2．软件系统

计算机软件系统由系统软件和应用软件组成，如图 5-2 所示。

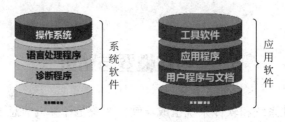

图 5-2　计算机软件系统组成

3．计算机系统层次结构

计算机系统层次结构如图 5-3 所示。

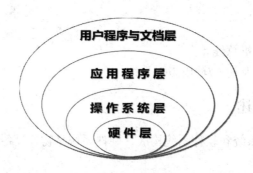

图 5-3　计算机系统层次结构

5.1.2　中央处理器(CPU)

1．CPU 结构

CPU 由算术逻辑单元、控制单元、寄存器组及实现它们之间联系的 CPU 内部总线构成，如图 5-4 所示。CPU 的主要功能是控制计算机的操作和处理数据。控制单元的主要功能包括指令的分析、指令及操作数的传递、产生控制并协调整个 CPU 工作所需的时序逻辑等。寄存器组由一组寄存器构成，分为通用和专用寄存器组，用于临时保存数据，如操作数、结果、指令、地址和机器状态。通用寄存器组保存的数据可以是参加运算的操作数或运算的结果。专用寄存器组保存的数据用于表征计算机当前的工作状态，如程序计数器保存下一条要执行的指令，状态寄存器保存标识 CPU 当前状态的信息，如是否有进位、是否溢出等。

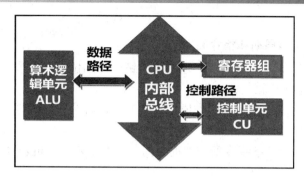

图 5-4　CPU 的组成与结构

2．指令系统

指令：是指计算机完成某个基本操作的命令，是程序设计的最小语言单位。

机器指令：根据冯·诺依曼的"存储程序"思想，CPU 被设计成能够识别采用二进制编码的指令。机器指令由操作码和操作数组成。

指令的类型有三种：

(1) 操作指令是处理数据的指令。

(2) 数据移动指令是在通用寄存器和主存之间、寄存器和输入/输出设备之间移动数据的指令。

(3) 控制指令是能够改变指令执行顺序的指令。

3．CPU 工作过程

CPU 工作过程是循环执行指令的过程。指令的执行是在控制器的控制下，精确地一步一步地完成的。指令的执行步骤称为指令周期，每一步称为一个节拍。不同的 CPU 可能执行指令的节拍数不同，但是通常可归纳为四个阶段，如图 5-5 所示。

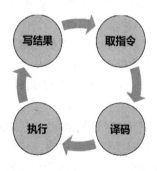

图 5-5　指令执行常见节拍划分

(1) 取指令：CPU 通过程序计数器获得要执行的指令存储地址。根据这个地址，CPU 将指令从主存中读入，并保存在指令寄存器中。

(2) 译码：由指令译码器对指令进行解码，分析出指令的操作码及所需的操作数存放的位置。

(3) 执行：将译码后的操作码分解成一组相关的控制信号序列，以完成指令动作，包括从寄存器读数据、输入到 ALU 进行算术或逻辑运算。

(4) 写结果：将指令执行节拍产生的结果写回到寄存器，也可将产生的条件反馈给控制单元。

4．时钟周期、机器周期和指令周期

• 时钟周期：也称为振荡周期，定义为时钟脉冲的倒数，对同一种机型的计算，时钟频率越高，计算机的工作速度越快。

• 机器周期：完成一个基本操作所需要的时间，称为机器周期。一般由多个时钟周期组成。

• 指令周期：执行一条指令所需要的时间。一般由若干个机器周期组成。

5.1.3　存储系统

存储系统是指计算机中由存放程序和数据的各种存储设备、控制部件及管理信息调度的设备(硬件)和算法(软件)所组成的系统。存储系统追求的目标是速度快、容量大、成本低。

1．主存储器

主存储器简称主存，由 CPU 直接随机存取，采用半导体存储器，容量小、读写速度快、价格高。主存按地址存放信息，容纳的存储单元总数称为存储容量。主存又称为随机访问存储器(Random Access Memory，RAM)。

根据存储能力与电源关系可将主存分为 RAM 和 ROM(Read-Only Memory，ROM)。前者断电后保存的信息将会丢失，后者即使电源中断，存储器所存储的数据也并不会消失。

• ROM 存储器：只能读数据，而不能往里写数据的存储器。ROM 中的数据是由设计者和制造商事先编制好并固化在里面的一些程序，使用者不能随意更改。在微机中使用的 ROM 主要用于检查计算机系统的配置情况并提供最基本的输入/输出系统。

• RAM 存储器：是计算机工作的存储区，一切要执行的程序和数据都要装入该存储器内。随机的意思是指既能读数据，也可以往里写数据。

• 高速缓冲存储器(Cache)：是指在 CPU 与内存之间设置一级或两级高速小容量存储器，可以将其集成到 CPU 内部，也可置于 CPU 之外。设置 Cache 就是为了解决 CPU 速度与 RAM 速度不匹配的问题。

• 主存的主要指标：容量、存储器访问时间和存储周期。容量指所包含的字节数。存储器访问时间指从启动一次存储器操作到完成该操作所经历的时间。存储周期是指连续启动两次独立的存储器操作(如连续两次操作)所需间隔的最小时间。通常，存储周期略大于存储时间。

2．辅助存储器

辅助存储器即外存，用于对内存的扩充，其主要作用是长期保存计算机所需要的系统文件、应用程序、用户程序、文档和数据等。常用的外存有磁盘或磁带等，它既属于输入设备，又属于输出设备。目前常用的存储设备有硬盘、光盘等。

1) 硬盘

(1) 硬盘结构。一个硬盘可以有多张盘片，所有的盘片按同心轴的方式固定在同一轴

上，两个盘片之间仅留有读写头的位置。每张盘片按磁道、扇区来组织磁盘数据的存取。硬盘的容量取决于读写头的数量、柱面数、磁道的扇区数。若一个扇区容量为 512 B，那么硬盘容量为 512×读写磁头数×柱面数×磁道的扇区数。

(2) 硬盘的性能指标。硬盘性能的技术指标一般包括存储容量、速度、访问时间即平均无故障时间等。

(3) 硬盘的种类。硬盘分为机械硬盘、固态硬盘、混合硬盘。

(4) 硬盘接口。硬盘与主机系统间的连接部件称为硬盘接口，其作用是在硬盘缓存和主机内存之间传输数据。硬盘接口有 IDE(Integrated Drived Electronics)、SATA (Serial Advanced Technology Attachment)、SCSI(Small Computer System Interface)和光纤通道四种。

2) 光盘

(1) 光盘的类型。只读光盘包括 CD-ROM 和只写一次型光盘。CD-ROM 由厂家预先写入数据，用户不可修改，这种光盘主要用于存储文献和不需要修改的信息。

(2) 光盘特点。光盘的特点是存储容量大、可靠性高，只要存储介质不发生问题，光盘上的信息就永远存在。

(3) 常用的光盘。常用的光盘有 CD 盘和 DVD 盘。CD 盘的类型有 CD-ROM、CD-R、CD-RW 这三种基本类型。DVD 盘的基本类型有 DVD-ROM、DVD-R、DVD-RAW、DVD-RW 等。

(4) 刻录机。刻录机是刻录光盘的设备，其类型有 CD 和 DVD 两种。

3．存储系统的层次结构

存储系统采用了按层次结构组织的形式，它主要由寄存器组、Cache、内部存储器和外部存储器构成。存储系统各层次之间的关系和访问速度如图 5-6 所示。

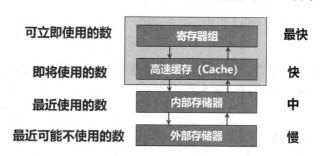

图 5-6　各级存储器的层次关系和访问速度

5.1.4　总线

1．总线结构

总线由多条通信线路组成，每一条线路都能传输二进制信号 0 和 1。在一段时间里，一串二进制数字序列可以通过一条线路传输，这样，一根总线的多条线路就可以同时(并行地)传送多串二进制数字序列。计算机系统具有多种不同类型的总线，这些总线为处在体系结构不同层次中的部件之间提供通信线路。

2．总线类型

总线类型分为以下三种：

(1) 数据总线(DB)：用来传送数据信息，是双向线，CPU 既可通过 DB 从内存或输入设备读入数据，又可通过 DB 将内部数据送至内存或输出设备。

(2) 地址总线(AB)：用于传送 CPU 发出的地址信息，是单向总线，即指明数据总线上数据的源地址或目的地址。

(3) 控制总线(CB)：用来控制数据总线和地址总线的访问和使用，即传送控制信号、命令信号和定时信号等。控制信号用来在系统模块间传送命令和定时信息；命令信号指定将要执行的操作；定时信号指明数据和地址信息的有效性。

5.1.5　主板

1．功能

主板的功能一是为安装 CPU、内存和各种功能卡提供插座，二是为各种常用外设，如打印机、扫描仪、调制解调器、外部存储器等提供接口。

2．主要部件

1) 芯片组

芯片组由北桥芯片和南桥芯片构成，决定了主板的性能。

(1) 北桥芯片：主要实现 CPU、内存和显卡之间的数据传输，同时还通过特定的数据通道与南桥芯片相连接。

(2) 南桥芯片：基本输入/输出的控制中心，主要负责硬盘、光驱、PCI(Peripheral Component Interation)设备、声音设备、网络设备以及其他 I/O 设备之间的沟通。

2) CPU 插槽

CPU 插槽用于固定连接 CPU 芯片。

3) 内存插槽

随着内存扩展板的标准化，主板给内存预留专用插槽，只要购买所需数量的内存条并使之与主板插槽相匹配，就可以实现内存的扩充。

4) 总线扩展槽

主要用于连接各种功能的插卡。用户可以根据自己的需要在扩展槽上插入各种用途的插卡，如显示卡、声卡、网卡等。

5) 输入/输出接口

接口是指不同设备为实现与其他系统或设备的连接和通信而具有的对接部分。不同的设备，特别是以微型计算机为核心的电子设备，都有自己独特的系统结构、控制软件、总线、控制信号等。为使不同设备能连接在一起协调工作，必须对设备的连接有一定的约束或规定，这种约束就是接口协议。实现接口协议的硬件设备叫做接口电路，简称接口。

6) BIOS 和 CMOS

BIOS 是一组存储在 EPROM(用紫外线可擦除只读存储器)中的软件，固化在主板的 BIOS 芯片上，主要作用是负责对基本 I/O 系统进行控制和管理。CMOS 是一种存储 BIOS

所使用的系统配置的存储器，是主板上的一块可读写的芯片，用来保存当前系统的硬件配置和用户对某些参数的设定。当计算机断电时，由一块电池供电使存储器中的信息不丢失。用户可以利用 CMOS 对计算机的系统参数进行设置。

5.1.6　微机总线

1．内部总线

常用的内部总线有 I2C 总线、串行外部设备接口(SPI)总线、串行通信接口(SCI)总线。内部总线属于芯片级连接。

2．系统总线

常用的系统总线有 ISA(Industry Standard Architecture)总线、EISA(Extended Industry Standard Architecture)总线、VESA(Video Eletronics Standards Association)总线、PCI 总线、Compact PCI 总线等。系统总线属于插件板一级连接。

3．外部总线

常用的外部总线有 RS232 总线、IEEE-488 总线、USB 总线。外部总线属于设备级连接。

5.1.7　常用的外部设备

1．输入设备

常用的输入设备有键盘、鼠标等。

2．输出设备

常用的输出设备有显示器、显卡、打印机等。

5.1.8　输入/输出系统

输入/输出(I/O)设备是计算机与外界的联系通道，如用于用户输入的鼠标和键盘，用于输出的显示器，以及用于长期存储数据和程序的磁盘。每个输入/输出设备通过一个控制器或适配器与输入/输出总线连接。控制并实现信息输入/输出的系统就是输入/输出系统。

主机与外设通过控制器进行连接和交换数据。控制器一端连接在计算机系统的 I/O 总线上，另一端通过接口与设备相连。通过这种连接方式，控制器可监控 CPU 和主存之间的信号传递，并能将外设的输入插入到总线上，完成数据交换。控制器接收从 CPU 发来的命令，控制 I/O 设备工作，使 CPU 从繁杂的设备控制事务中解脱出来。控制器的主要功能包括接收和识别命令，实现 CPU 与控制器、控制器与设备间的数据交换，让 CPU 了解设备的状态等。

除了设备和控制器这些硬件系统外，还需要相应的控制软件来协调外部设备与计算机系统的数据交换，即输入/输出系统由输入/输出控制器、控制软件和设备构成。

如何协调快速 CPU 与慢速外部设备，既不能让慢速外部设备拖累快速 CPU，又不能丢失数据，造成错误，这就牵扯到输入/输出的控制方式。

常用的输入/输出控制方式有程序查询方式、程序中断方式和直接主存访问方式 (Direct Memory Access，DMA)等。

(1) 程序查询方式是一种程序直接控制的方式，这是主机与外设间进行信息交换的最简单的方式，输入和输出完全是通过 CPU 执行程序来完成的。

(2) 程序中断方式是指 CPU 暂时中止现行程序，转去处理随机发生的紧急事件，处理完后自动返回原程序的技术。程序中断方式一般适用于随机出现的服务，并且一旦提出要求，应立即进行。

(3) DMA 方式是一种完全由硬件执行 I/O 交换的工作方式。DMA 控制器从 CPU 那里完全接管了对总线的控制，数据交换不经过 CPU，而直接在主存和外围设备之间进行，以高速传送数据。这种方式的主要优点是数据传送速度很高，传送速率仅受到主存访问时间的限制。DMA 方式与中断方式相比，需要更多的硬件。DMA 方式适用于主存和高速外围设备之间大批数据交换的场合。

5.2　本章学习重点与难点

5.2.1　学习重点

本章的学习重点主要包括：
(1) 计算机系统的组成；
(2) CPU 的组成和工作过程；
(3) 存储系统组成及其层次结构；
(4) 总线的结构和种类；
(5) 主板的组成及各部分功能。

5.2.2　学习难点

本章的学习难点主要包括：
(1) 冯·诺依曼体系结构；
(2) CPU 组成及工作过程；
(3) 存储系统的构成；
(4) 总线的功能和种类；
(5) 输入/输出系统。

5.3　习　题　测　试

一、单项选择题

1. 关于计算机系统，下列说法正确的是(　　)。
　　A. 计算机系统由输入设备、输出设备和微处理器构成

  B．计算机系统由输入设备、输出设备和存储设备构成

  C．计算机系统由微处理器、存储设备、输入设备和输出设备构成

  D．计算机系统由微处理器和存储设备构成

2．在微型计算机的总线上单向传送信息的是(　　)。

  A．数据总线   B．地址总线

  C．控制总线   D．数据总线和控制总线

3．动态 RAM 的特点是(　　)。

  A．工作中需要动态地改变存储单元内容

  B．工作中需要动态地改变访存地址

  C．每隔一定时间需要刷新

  D．每次读出后需要刷新

4．除外存之外，微型计算机的存储系统一般指(　　)。

  A．ROM   B．控制器

  C．RAM   D．内存

5．微型计算机采用总线结构(　　)。

  A．提高了 CPU 访问外设的速度

  B．可以简化系统结构、易于系统扩展

  C．提高了系统成本

  D．使信号线的数量增加

6．下面关于基本输入/输出系统 BIOS 的描述不正确的是(　　)。

  A．是一组固化的程序，此程序存放在计算机主板上的一个 ROM 芯片内

  B．它保存着计算机系统中最重要的基本输入/输出程序、系统设置信息

  C．即插即用与 BIOS 芯片有关

  D．对于定型的主板，生产厂家不会改变 BIOS 程序

7．计算机是一种按照设计好的程序，快速、自动地进行计算的电子设备，必须把解决某个问题的程序存储在计算机的(　　)中。

  A．硬盘   B．软盘

  C．内存   D．CPU

8．在微机的性能指标中，内存储器容量指的是(　　)。

  A．ROM 的容量   B．RAM 的容量

  C．ROM 和 RAM 容量的总和   D．CD-ROM 的容量

9．下列设备中，既能向主机输入数据又能接收主机输出数据的设备是(　　)。

  A．CD-ROM   B．显示器

  C．磁盘驱动器   D．光笔

10．微型计算机的主机主要包括(　　)。

  A．运算器和显示器   B．CPU 和内存储器

  C．CPU 和 UPS   D．UPS 和内存储器

11．微型计算机中内存储器比外存储器(　　)。

  A．读写速度快   B．存储容量大

C．运算速度慢   D．以上三种都可以

12．微型计算机硬件系统中最核心的部件是(   )。

    A．主板   B．CPU

    C．内存储器   D．I/O 设备

13．RAM 具有的特点是(   )。

    A．海量存储

    B．存储在其中的信息可以永久保存

    C．一旦断电，存储在其上的信息将全部消失

    D．存储在其中的数据不能改写

14．下面关于 USB 优盘的描述中，错误的是(   )。

    A．优盘有基本型、增强型和加密型三种

    B．优盘的特点是重量轻、体积小

    C．优盘多固定在机箱内，不便携带

    D．断电后，优盘还能保持存储的数据不丢失

15．下列各存储器中，存取速度最快的一种是(   )。

    A．Cache   B．动态 RAM(DRAM)

    C．CD-ROM   D．硬盘

16．硬盘工作时应特别注意避免(   )。

    A．噪声   B．震动

    C．潮湿   D．日光

17．ROM 中的信息是(   )。

    A．由生产厂家预先写入的

    B．在安装系统时写入的

    C．根据用户需求不同，由用户随时写入的

    D．由程序临时存入的

18．显示器的什么指标越高，显示的图像越清晰(   )。

    A．对比度   B．亮度

    C．对比度和亮度   D．分辨率

19．SRAM 指的是(   )。

    A．静态随机存储器   B．静态只读存储器

    C．动态随机存储器   D．动态只读存储器

20．Cache 的中文译名是(   )。

    A．缓冲器   B．只读存储器

    C．高速缓冲存储器   D．可编程只读存储器

21．计算机的系统总线是计算机各部件之间传递信息的公共通道，它分为(   )。

    A．数据总线和控制总线   B．数据总线、控制总线和地址总线

    C．地址总线和数据总线   D．地址总线和控制总线

22．下列设备组中，完全属于输出设备的一组是(   )。

    A．喷墨打印机，显示器，硬盘   B．激光打印机，U 盘，鼠标

C．键盘，鼠标，扫描仪　　　　　　　D．打印机，绘图仪，显示器

23．下列关于磁道的说法中，正确的是(　　)。

A．盘面上的磁道是一组同心圆

B．由于每个磁道的周长不同，因此每个磁道的存储容量也不同

C．盘面上的磁道是一条阿基米德螺线

D．磁道的编号是最内圈为 0，次序由内向外逐渐增大，最外圈的编号最大

24．下列软件，不属于 CPU 的性能指标的是(　　)。

A．主频　　　　　　　　　　　　　　B．转速

C．字长　　　　　　　　　　　　　　D．指令系统

25．与机械硬盘相比，下列不属于固态硬盘优点的是(　　)。

A．速度快　　　　　　　　　　　　　B．噪音小

C．寿命长　　　　　　　　　　　　　D．受震动影响小

26．带有下列字样的光驱，不具有刻录功能的是(　　)。

A．CD-ROM　　　　　　　　　　　　B．CD-R

C．CD-RW　　　　　　　　　　　　D．DVD-RW

27．下列不是显示器的接口的是(　　)。

A．P/S　　　　　　　　　　　　　　B．D-Sub

C．VGA　　　　　　　　　　　　　　D．HDMI

二、填空题

1．冯·诺依曼在提出计算机硬件结构框架模型的同时，也提出了计算机工作方式的基本设想，即_____。

2．在计算机中，_____的主要功能是识别和翻译指令代码，安排操作时序，产生操作控制信号，协调整个 CPU 自动、高效地工作。

3．人们为解决某项任务而编写的指令的有序集合就称为_____。

4．计算机主机部分的大多数部件安装在主机箱内的_____上，外部设备通过 I/O 接口与它相连。

5．在微机主板上，_____实现 CPU 与计算机中的所有部件互相沟通，用于控制和协调计算机系统各部件的运行，在 CPU 与内存、外设之间架起了一座桥梁。

6．硬盘的一个主要性能指标是容量，硬盘容量的计算公式为_____。

7．目前，微型机应用最广泛的系统级总线标准是_____。

8．_____是为满足大容量、高可靠性需求而出现的一种数据存储技术，它将许多台磁盘机按一定规则组合在一起构成阵列，其存储容量可达上千 TB。

9．为了提高计算机的运行速度和执行效率，在现代计算机系统中，引入了_____技术，使负责取指令、分析指令、执行指令的部件并行工作。

10．磁盘上各磁道长度不同，每圈磁道容量_____，内圈磁道的存储密度_____外圈磁道的存储密度。

11．Cache 是介于_____和_____之间的一种可高速存取信息的芯片，是 CPU 和 RAM 之间的桥梁。

12．CPU 按指令计数器的内容访问主存，取出的信息是_____；操作数地址访问主存，取出的信息是_____。

13．根据在总线内传输信息的性质，总线可分为_____、_____和_____。

14．如果按通信方式分类，总线可分为_____和_____。

15．根据工作方式的不同，可将存储器分为_____和只读存储器。

16．CPU 中的寄存器分为_____和专用寄存器，其中专用寄存器主要指_____和_____。

17．_____是计算机的核心，其主要功能是完成_____和控制功能。

18．一台计算机所能执行的全部指令的集合，称为该机器的_____。

19．指令通常分为数据传输指令、_____和_____三种。

20．一个指令周期通常由若干个_____组成。

21．主存储器又称_____，辅助存储器又称_____。常见的辅助存储器包括_____、光盘和 U 盘等。

22．存储器按照断电后信息是否丢失可以分为_____和_____。

23．连续两次启动两次独立的存储器操作，所需间隔的最小时间称为_____。

24．内存的主要性能指标有_____和_____。

三、计算题

1．某 14 英寸 LCD 的可视面积为 285.7 mm × 214.3 mm，最大分辨率为 1024 像素 × 768 像素，请计算该显示器的点距？

2．某磁盘由两张盘片叠加而成，有 10000 个柱面，1000 个扇区，每个磁道上在扇区内能存储 512 字节，试计算该硬盘的容量。

3．某数码相机的分辨率是 3000×2000 像素，每个像素用 3 字节存储 RGB 三原色，相机能将拍摄的图像自动压缩，大小为原图像的 1/5。要求在 2s 内将压缩后的图像存储在存储卡上，传输速率是多少？

四、简答题

1．简述冯·诺依曼体系结构的特点、构成和各分系统的功能。

2．指令执行涉及哪些步骤？各步骤的功能是什么？能否省略？

3．RAM、ROM 和 Cache 的特点是什么？

4．外部存储器中的数据是否能被 CPU 直接处理？

5．CD-ROM 与 CD-RW 的区别是什么？DVD-ROM 与 DVD-RW 的区别又是什么？

操 作 系 统

/////////////////////////

6.1 内容概要与精讲

操作系统是控制和管理计算机资源、合理地对各类作业进行调度以及方便用户使用的程序集合。在现代计算机系统中，操作系统是计算机系统中最基本的系统软件，是整个系统的控制中心。操作系统通过管理计算机系统的软、硬件资源，为用户提供使用计算机系统的良好环境，并且采用合理有效的方法组织多个用户共享各种计算机资源，最大限度地提高系统资源的利用率。

本章主要内容如下：
- 操作系统概述。
- 进程管理。
- 存储管理。
- 文件管理。
- 设备管理。
- 用户接口。
- 操作系统的加载。

6.1.1 操作系统概述

按操作系统在计算机系统中发挥的作用，它具有资源管理者和用户接口两重角色。

1. 资源管理者

计算机系统的资源包括硬件资源和软件资源。从管理角度看，系统资源可分为四大类：处理机、存储器、输入/输出设备和信息(通常是文件)，这四大类系统资源可作为资源管理者。操作系统的主要工作是跟踪资源状态、分配资源、回收资源和保护资源。

2. 用户接口

在计算机组成的层次结构中，硬件处于最低层。对多数计算机来说，在机器语言上编程，尤其是对输入/输出操作编程是相当困难的。计算机需要一种抽象机制让用户在使用时不涉及硬件细节。操作系统正是这样一种抽象机制，用户使用计算机都是通过操作系统进行的，而不必考虑硬件细节。通过操作系统来使用计算机，操作系统就成了用户和计算机之间的接口。

3．操作系统的功能

操作系统的功能如下：

(1) 处理机管理。在多道程序或多用户的环境下，处理机的分配和运行都以进程为基本单位，因而对处理机的管理也就是对进程的管理。

(2) 存储管理。在多道程序环境下，有效管理主存资源，可以实现主存在多道程序之间的共享，从而提高主存的利用率。

(3) 设备管理。管理外部设备。

(4) 文件管理。文件管理的主要任务是对用户文件和系统文件进行管理，并保证文件的安全性。

6.1.2　进程管理

1．为什么要对进程进行管理

进程是对正在运行的程序的一种抽象，是资源分配和独立运行的基本单位。目前操作系统几乎都是多任务操作系统。多任务就是同时执行多个不同的程序，所以进程具有并发性。进程具有共享性，即资源可供多个并发程序共同使用，这样就会引出问题：资源给谁用？用多久？如何让所有程序都能够执行？

2．进程的概念

进程是程序的一次执行过程。进程是可并发执行的程序在一个数据集合上的运行过程，是系统进行资源分配和调度的一个独立单位。其特点有：

- 动态性：是一次"程序的执行"，由创建而产生，由撤销而消亡。
- 并发性：多个进程实体同时存在于内存中，在一段时间内可以同时运行。
- 独立性：进程是操作系统进行调度和分配资源的独立单位。
- 异步性：也称为不确定性，系统中的进程，按照各自的、不可预知的速度向前推进。
- 结构特性：进程是由程序段和相应的数据段及进程控制块构成的，而程序只包含指令代码及相应数据。

3．进程和程序的关系

进程和程序的关系如下：

(1) 进程是动态的，程序是静态的，进程是程序的一次执行，程序是有序代码的集合。

(2) 进程是暂时的，程序是永久的，进程有生命周期，会消亡，程序可长期保存在外存储器中。

(3) 进程与程序的组成不同：进程的组成包括程序、数据和进程控制块。

(4) 进程与程序密切相关：同一程序的多次运行对应到多个进程；一个进程可以通过调用来激活多个程序。

4．进程的三种状态

进程有以下三种状态：

- 运行：进程正在 CPU 上执行。
- 就绪：进程获得了除处理机之外的一切所需资源。
- 等待(阻塞)：进程正在等待某一事件而暂停运行，如等待某种资源、等待输入/输出指令完成。

注意：进程需要根据自己的状态，决定何时使用 CPU。

5．操作系统对进程的管理

操作系统必须对进程从创建到消亡的整个生命周期的各个环节进行控制，其对进程的管理所执行的任务主要包括：

(1) 创建进程。如用户启动程序的运行、用户登录、作业调度、提供服务和应用请求等。

(2) 撤销进程。主要是释放进程的程序、PCB(进程控制块)所占用的主存空间以及其他分配的资源。

(3) 阻塞进程。首先中断 CPU，停止进程运行，将进程的当前运行状态信息保存到 PCB 的现场保护区，然后将该进程状态设为阻塞状态，并把它插入到资源等待队列中。

(4) 唤醒进程。首先通过进程标识符找到需要被唤醒进程的 PCB，从阻塞队列中移出该 PCB，将 PCB 的进程状态设为就绪状态，并插入就绪队列。

(5) 进程调度。当 CPU 空闲时，操作系统将按照某种策略从就绪队列中选择一个进程，将 CPU 分配给它，使其能够运行。目前常用的调度策略如下：

- 先来先服务：按照先后顺序进行进程调度。
- 时间片轮转：将 CPU 分配给就绪队列中的第一个就绪进程，同时分配一个固定的时间片。
- 优先级法：将 CPU 分配给就绪队列中具有最高优先级的就绪进程。优先级法分为抢占式优先级调度算法和非抢占式优先级调度算法。短进程优先策略是一种优先级策略，每次将当前就绪队列中要求 CPU 服务时间最短的进程调度执行，但是这种策略对长进程而言，有可能就是长时间得不到调度运行。

6.1.3 存储管理

计算机处理的数据和程序都是存放在外存中的，使用时才调入内存。计算机的存储管理要考虑以下问题：

(1) 怎样为多个程序分配内存空间？

(2) 在小内存中能否运行大程序？

(3) 如何保证一个程序在运行期间不会闯入其他进程或操作系统的内存空间？

1．存储管理的功能

存储管理的功能如下：

(1) 地址转换，即逻辑地址转换为物理地址。

(2) 主存区域保护。

(3) 主存的分配与回收。

(4) 主存的逻辑扩展。

2．地址转换

逻辑地址转换为物理地址分为以下两种情况：

(1) 静态地址重定位。程序装入主存时，将逻辑地址转换成物理地址(起始地址 + 逻辑地址)。

(2) 动态地址重定位。访问主存时，将逻辑地址转换成物理地址(重定位寄存器值 + 逻辑地址)。

3．主存区域的保护

主存区域的保护是为了保证各程序只在自己的区域内活动，不能对别的程序产生干扰和破坏。主存区域的保护方法有上下界保护法和基址-限长保护法。

4．主存的分配与回收

主存的分配与回收是按进程要求分配内存单元，以存放程序和数据，在进程撤销时，回收分配给它的内存。

存储的管理方式：

(1) 连续存储空间管理。该方式主要包括固定分区存储管理和可变分区存储管理。固定分区存储管理是分区的大小和数目固定，一个分区放一个程序。可变分区存储管理是分区的大小和数目不固定。连续存储空间管理的特点是程序连续存储。其优点在于简单、程序可按主存单元顺序执行。其缺点是会产生碎片。

(2) 分页式存储管理。该方式的内存分块、程序分页，一页可放入任一空闲块。其优点是有效减少了碎片，提高了主存利用率。其缺点是会产生额外的时空开销。

5．主存的逻辑扩展

目前普遍采用虚拟存储管理技术对主存进行逻辑上的扩充，其基本思想是把内存与外存统一起来形成一个大容量的存储器——虚拟存储器。一个程序运行时，其全部信息装入虚存，实际上可能只有当前运行所必需的一部分程序和数据存入主存，其他存于外存，当所访问的信息不在主存时，系统自动将其从外存调入主存。

虚拟存储思想的理论依据是程序的局部性原理，所以对一个程序而言，只需要装入其中的一部分，它就可以有效地运行。

6.1.4 文件管理

1．文件和文件系统

软件资源以文件的形式存储在磁盘或其他外设上。文件是存储在外部介质上的、具有符号名的一组相关信息的集合。文件包括文件内容和文件属性。文件属性是对文件进行说明的信息，最基本的信息是文件名称。文件名称包括文件名和扩展名，如 os.ppt，其中文件名 os 由用户指定，扩展名 ppt 具有特殊含义，标识文件的性质。

文件的分类如表 6-1 所示。

表 6-1　文 件 的 分 类

分类方式	类　型	例　　子
文件用途	系统文件	.com 、.obj 、.dll、.sys、.ini
	用户文件	.pptx 、.xlsx 、.docx
文件内容	可执行文件	.exe
	文本文件	.txt
	图像文件	.bmp、.jpg 、.gif、.png
	视频文件	.wav、.mp3、.rmvb、.mp4
...		

　　文件系统是对文件实施管理、控制与操作的一组软件，它向用户提供调用接口。操作系统对软件资源的管理是通过文件系统实现的，其基本功能是按名存取。文件系统使用文件分配表(File Allocation Table，FAT)来记录文件所在位置，它对于硬盘的使用是非常重要的，假如操作系统丢失文件分配表，那么硬盘上的数据就因无法定位而不能使用。不同的操作系统所使用的文件系统不尽相同。常见的文件系统有：

　　(1) FAT16/FAT32：DOS 操作系统、大部分 Windows 操作系统所采用的文件系统。

　　(2) NTFS：微软为 Windows NT 操作系统的推出而设计的文件系统。

　　(3) EXT2：Linux 操作系统采用的文件系统，易于向后兼容。

　　(4) HPFS：高性能文件系统，是 IBM OS/2 操作系统采用的文件系统。

　　(5) NFS：网络文件系统，允许多台计算机共享文件系统，易于从网络中的计算机上存取文件。

　　具体实现文件系统时，不能回避"目录"的概念，文件系统一般通过目录将多个文件组织成不同结构。从概念上看，目录是文件的集合；从实现上看，目录也是一个文件，所谓目录文件，其中保存它直接包含的文件的描述信息。

　　文件系统对文件的操作是"按名"进行的，所以必须建立文件名与外存空间中的物理地址的对应关系。在具体实现时，每一个文件在文件目录中登记一项，作为文件系统建立和维护文件的清单。每个文件的文件目录项又称文件控制块。下面来介绍目录和文件控制块(File Control Block，FCB)。

2．目录和 FCB(文件控制块)

　　目录是文件的集合，实际上也是一个文件。其内容：直接包含的文件的描述信息、属性和文件控制块(FCB)，如图 6-1 所示。目录可以包含目录，如父目录、子目录、根目录。FCB 一般包含的内容：文件存取控制信息，

图 6-1　文件夹属性

如文件名；文件结构系统，包含文件的逻辑结构和物理结构；文件使用信息，如文件被修改的情况、文件大小等；文件管理信息，如文件建立日期、修改日期等。下面介绍文件的组织结构。

3．文件的组织结构

文件的组织结构包括以下两种：

(1) 逻辑结构：用户看到的文件组织形式。

(2) 物理结构：文件在外存上的存储组织形式，文件的物理结构有以下几种。

• 连续存储：文件以顺序连续的形式存放。其优点是简单、访问效率高；缺点是存储空间利用率低。

• 链接文件：把一个逻辑上连续的文件分散地存放在不连续的物理块中，各物理块通过一个连接字连接起来，通过连接字，系统可方便地找到下一个逻辑块所在的物理块。其优点是对存储空间的利用率高；其缺点是访问时效率低，特别是访问文件中间或后部分的存储块时效率很低。

• 索引文件：为每个文件建立一个索引表，其中表项指出存放该文件的各个物理块号。

• 多重索引文件：索引文件的一种扩展，采用多级索引结构，如字典的部首查字法，先查部首所在的页，再根据部首所在页找到该字所在的页面。索引文件优点是对存储空间的利用率高，访问效率较高；其缺点是索引会带来额外开销。

链表是提高灵活性的常用方法，索引是提高信息访问效率的常用方法。

6.1.5　设备管理

1．概述

为了方便用户使用，提高外设的并行程度和利用率，由操作系统对种类繁多、特性和方式各异的外设进行统一的管理。在操作系统中，由于各种进程竞争设备资源，因此，有必要从进程的使用角度，即设备的共享属性对设备进行分类，可以分为三类：独占设备、共享设备和虚拟设备。

设备绝对号(物理设备名)是系统按照某种原则为每台设备分配一个唯一的编号，用作外设控制器识别设备的代号。

设备的类型号(逻辑设备名)是操作系统为每类设备规定了一个编号。当系统接收到用户程序使用设备的申请时，由操作系统进行地址转换，将逻辑设备名变成物理设备名。

2．设备无关性

物理设备名和逻辑设备名是实现设备无关性的基础。操作系统中设备无关性的含义是应用程序独立于具体使用的物理设备，即使设备更换了，应用程序也不改变。

3．功能

设备管理的功能有设备地址转换、实现数据交换、提供接口、统一管理设备、设备的分配与释放。要实现具体的输入/输出操作还需要相应的软件。操作系统一般把输入/输出软件分成中断处理程序、设备驱动程序、设备无关类软件、用户程序四个层次，如图 6-2 所示。

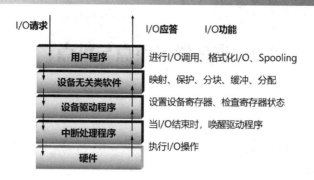

图 6-2 I/O 软件层次结构图

6.1.6 用户接口

用户接口负责用户与操作系统之间的交互。通过用户接口，用户向计算机系统提交服务请求，而操作系统通过用户接口为用户提供所需的服务。

操作系统提供的接口有：

(1) 人机接口。面向的是使用和管理计算机应用程序的人，如普通用户和管理员用户。这样的接口称为命令控制界面。常见形式有命令行界面和图形用户界面。

(2) API 接口。应用程序接口，供应用程序使用。其接口由一组系统调用组成。通过系统调用，程序员可以在程序中获得操作系统的各类底层服务，能使用或访问系统的各种软、硬件资源。

6.1.7 操作系统的加载

操作系统自身的启动是通过一个称为自举的过程完成的，自举过程是在计算机每次加电时都要执行的动作。每次加电时 CPU 需首先执行的程序被存于特殊的存储器——只读存储器中，称为自举程序。自举程序将在计算机加电时自动执行，其主要功能是指导 CPU 将外存上某特定区域的操作系统程序加载到主存中，并在加载完成后，修改 CPU 指令计数器，使其指向操作系统在主存中的地址，自此之后，操作系统将被执行，并接管计算机的管理权，流程如图 6-3 所示。

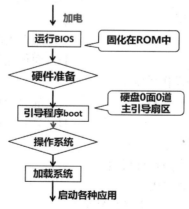

图 6-3 操作系统的加载流程

6.2 本章学习重点与难点

6.2.1 学习重点

本章的学习重点主要包括：

(1) 操作系统概述；

(2) 处理机管理；

(3) 存储管理；

(4) 文件管理；

(5) 设备管理；

(6) 用户接口。

6.2.2 学习难点

本章的学习难点主要包括：

(1) 进程的特点及状态；

(2) 进程和程序的关系及进程调度策略；

(3) 存储管理的目的；

(4) 设备管理。

6.3 习 题 测 试

一、单项选择题

1. 下列各项中与众不同的是(   )？

    A．Windows 7   B．Android

    C．Linux   D．Internet Explorer

2. 操作系统是一种(   )。

    A．系统软件   B．操作规范

    C．语言编译程序   D．面板操作程序

3. UNIX 属于一种(   )操作系统。

    A．分时系统   B．批处理系统

    C．实时系统   D．分布式系统

4. 计算机操作系统的功能是(   )。

    A．把源程序代码转换为目标代码

    B．用户与计算机之间的接口

    C．完成计算机硬件与软件之间的转换

    D．控制、管理计算机系统的资源和程序的执行

5. 在操作系统中，进程(　　)。

　　A. 只是资源分配单位

　　B. 只是调度运行单位

　　C. 既是资源分配单位，又是调度运行单位

　　D. 就是程序，与调度无关

6. 下面不属于操作系统功能的是(　　)。

　　A. CPU 管理　　　　　　　　　　B. 文件管理

　　C. 编写程序　　　　　　　　　　D. 设备管理

7. 进程和程序的区别是(　　)。

　　A. 存储在内存或外存　　　　　　B. 顺序或非顺序执行机器指令

　　C. 分时使用或独占使用计算机资源　D. 动态或静态特征

8. 虚拟内存的目的是(　　)。

　　A. 提高主存的速度　　　　　　　B. 扩大外存的容量

　　C. 扩大内存的寻址空间　　　　　D. 提高外存的速度

9. 文件系统的多级目录是一种(　　)。

　　A. 线性结构　　　　　　　　　　B. 树形结构

　　C. 环形结构　　　　　　　　　　D. 网状结构

10. 操作系统的(　　)管理部分负责对进程进行调度。

　　A. 主存储器　　　　　　　　　　B. 控制器

　　C. 运算器　　　　　　　　　　　D. 处理机

11. 与设备控制器关系最密切的软件是(　　)。

　　A. 编译程序　　　　　　　　　　B. 设备驱动程序

　　C. 存储管理程序　　　　　　　　D. 处理机管理

12. 进程调度的基本功能是选择(　　)。

　　A. 就绪的进程　　　　　　　　　B. 后备的作业

　　C. 空闲内存　　　　　　　　　　D. 空闲设备

13. 如果允许不同用户的文件可以具有相同的文件名，则通常采用(　　)来保证按名存取的安全。

　　A. 重名翻译机构　　　　　　　　B. 建立索引表

　　C. 建立指针　　　　　　　　　　D. 多级目录结构

14. 树型目录结构的第一级称为目录树的(　　)。

　　A. 分支节点　　　　　　　　　　B. 根节点

　　C. 叶节点　　　　　　　　　　　D. 终节点

15. 外存储器(如磁盘)上存放的程序和数据(　　)。

　　A. 可由 CPU 直接调用　　　　　　B. 必须在 CPU 访问之前调入内存

　　C. 是必须由文件系统管理的　　　D. 必须由进程调度程序管理

16. 下列调度算法中，不会发生"饿死"现象的调度策略是(　　)。

　　A. 不可抢占式优先级算法　　　　B. 短作业优先

　　C. 时间片轮转　　　　　　　　　D. 抢占式优先级算法

17. 操作系统文件管理的功能之一是( )。
    A．实现对文件的按名存取   B．实现虚拟内存
    C．用于存取系统文档   D．提高外部设备的输入/输出速度

18. 下列软件,不是系统软件的是( )。
    A．Windows 10   B．Python 3.6
    C．显卡驱动程序   D．校网上的荣誉制系统

19. 下列软件,不是应用软件的是( )。
    A．Office   B．Linux   C．微信   D．酷狗音乐

20. 以下各项不是操作系统的基本功能的是( )。
    A．桌面管理   B．实现视频游戏
    C．管理用户文件   D．接收鼠标和键盘输入的信息

21. 下列关于操作系统的叙述,不正确的是( )。
    A．管理资源的程序   B．管理应用程序执行的程序
    C．能提高系统资源利用率的程序   D．用于开发应用程序的程序

二、填空题

1. 并发和_____是操作系统的基本特征。

2. 操作系统为用户提供了_____和图形用户界面。

3. 通常把外部设备与内存之间的数据传输操作称为_____操作。

4. 文件在外存储器上的组织方式的类型主要有_____、链接文件和索引文件。

5. 进程的主要功能是根据一定的_____,从就绪的队列中选择一个进程并把CPU分配给它,从而让它占有CPU运行。

6. 操作系统的加载是由_____和引导程序来启动的。

7. 设备管理按资源分配的角度可以分为独占设备、_____和虚拟设备。

8. 在存储管理中常用_____方式来摆脱主存容量的限制。

9. 操作系统是运行在_____系统上的最基本的系统软件。

10. 通过_____设置,可以选择从光驱、U盘或网络等启动计算机。

11. BIOS的含义是_____。

12. 操作系统对进程的主要管理功能有:创建进程、_____、_____、唤醒进程以及进程调度。

13. 常用的进程调度策略有_____、时间片轮转、_____以及多级反馈队列轮转。

三、简答题

1. 简述操作系统在一个计算机系统中的地位。

2. 进程的基本状态有哪些?这些状态之间是如何转换的?

3. 什么是多道程序处理技术?

4. CPU和主存之间的传输速率比输入/输出设备的传输速率相差几个数量级?如何解决这种速度上的不平衡带来的性能降低问题?

5. 使用计算机时如果遇到"死机"现象,那么你是如何正确处理的?

第7章 计算机网络及应用

/////////////////////////////

7.1 内容概要与精讲

很难想象在当今社会的生活中没有网络，稳定清晰的视频通话、便利快捷的网上购物、随时随地的生活分享、浩瀚如烟的信息资源等，给我们的生活带来了无限的乐趣和方便，这就是网络的魔法，那么计算机网络到底是怎样形成和发展起来的呢？网络构建需要遵循什么样的规则呢？现实生活中我们该如何组建自己的网络呢？Internet 应用如此之广，作为初学者该如何利用网络实现我们的想法呢？这就是本章将要讲述的主要内容。

本章具体内容如下：

- 计算机网络基础。
- 网络协议。
- 局域网。
- Internet 基础。
- Internet 应用。

7.1.1 计算机网络基础

1．网络的定义

网络是利用通信设备和线路将具有独立功能的计算机连接起来而形成的计算系统。

网络是自治的计算机，它们之间相互连接、以共享资源为目的。

2．网络的组成

网络按逻辑功能分为资源子网、通信子网；按资源构成分为硬件系统、软件系统。

3．网络发展史

网络发展史如下：

- 第一代：远程终端连接。以单个主机为中心，实现大量终端与主机之间的连接和通信。
- 第二代：以分组交换网为中心，比如 1969 年美国高级研究计划署组建的计算机网 ARPANET。
- 第三代：体系结构标准化，即 1981 年推出的 OSI 模型(开放式系统互联参考模型)。

- 第四代：国际互联网(Internet)。

4．计算机网络分类

计算机网络按覆盖范围分为局域网、城域网、广域网；按通信方式分为广播式网络、点对点网络；按服务模式分为 C/S 网络、对等网络。

5．网络拓扑

网络拓扑有：总线型、星型、环型、树型、网状。

6．传输介质与网络设备

常用的有线传输介质：双绞线、同轴电缆、光缆。

计算机网络设备包括：网络接口卡、调制解调器、集线器(Hub)、网桥(Bridge)、交换机(Switch)、路由器(Router)、网关(GateWay)。

7.1.2 网络协议

1．协议组成

网络协议是指计算机网络中通信双方为了实现通信而设计的规则。网络协议由语法、语义、时序三部分组成，下面分别对其进行介绍。

(1) 语法规定了交换数据和控制信息的格式，说明的是"网络通信怎么讲"的问题。

(2) 语义规定了每部分控制信息和数据所代表的含义，是对其具体的解释，说明的是"网络通信讲什么"的问题。

(3) 时序规定了详细的事件发生顺序，说明的是"网络通信讲的步骤是什么"的问题。

2．网络体系结构

计算机网络是一个复杂的系统，包含不同的传输介质：有线、无线；运行不同的操作系统，如 UNIX、Mac OS、Windows、Linux 等；涵盖不同的应用环境，如固定、移动、本地、远程等；承载不同的业务种类，如分时、交互、实时等。如何实现网络的功能管理，发挥网络的功能，而不产生冲突故障呢？

实现的策略是分而治之，即功能模块化、业务层次化、实现结构化，如图 7-1 所示。

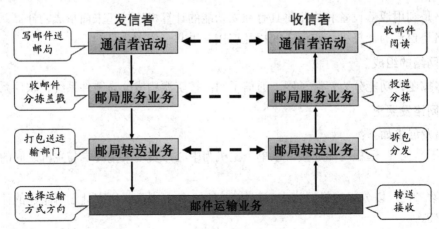

图 7-1 邮政系统的体系结构

3. ISO/OSI(国际标准化组织/开放式系统互联)七层模型

ISO/OSI 体系结构模型如图 7-2 所示。

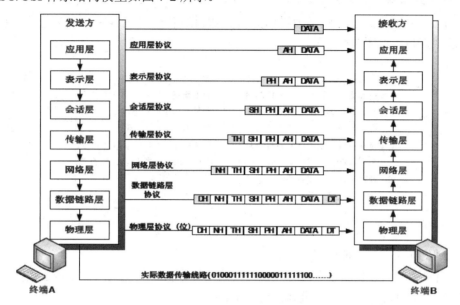

图 7-2　ISO/OSI 体系结构模型

OSI 共有七层，它们分别是：物理层、数据链路层、网络层、传输层、会话层、表示层和应用层。

物理层负责比特流的传输、故障检测和物理层管理；数据链路层用于控制介质的访问接入，提供可靠的信息传送机制；网络层主要负责路由寻址服务；传输层负责端到端的连接，确保数据可靠、有序、无差错的传输；会话层用于控制主机间的数据通信；表示层主要解决数据如何表示的问题；应用层处理是面向应用程序和用户的，提供常用的网络应用服务。

OSI 只是一个参考模型，做了一些原则性的说明，它不是一个具体的网络协议。

7.1.3　局域网

1. IEEE 802 标准

OSI 模型与 IEEE 802 模型的对照如图 7-3 所示。

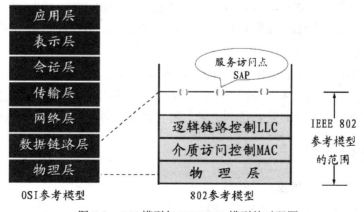

图 7-3　OSI 模型与 IEEE 802 模型的对照图

2. 介质访问控制协议

1) 带冲突检测的载波侦听多路访问协议(CSMA/CD)

CSMA/CD 工作过程可概括为讲前先听、边讲边听、冲突等待、时刻检测、检查地址、处理数据包,如图7-4所示。

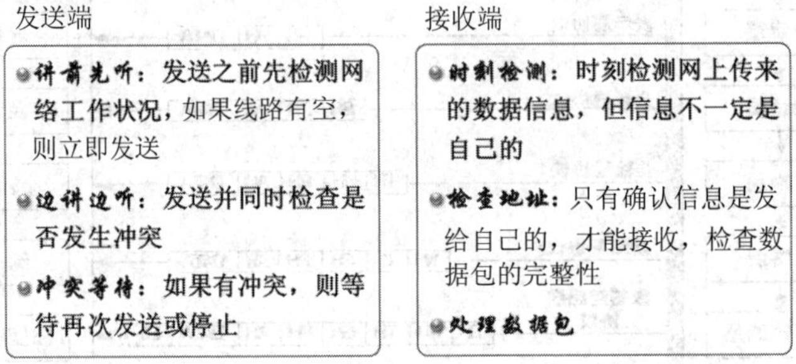

发送端

- **讲前先听:** 发送之前先检测网络工作状况,如果线路有空,则立即发送
- **边讲边听:** 发送并同时检查是否发生冲突
- **冲突等待:** 如果有冲突,则等待再次发送或停止

接收端

- **时刻检测:** 时刻检测网上传来的数据信息,但信息不一定是自己的
- **检查地址:** 只有确认信息是发给自己的,才能接收,检查数据包的完整性
- **处理数据包**

图 7-4 CSMA/CD 协议工作过程

CSMA/CD 的工作原理如下:

(1) 当一个节点想要发送数据时,首先检测网络是否有其他节点正在传送数据。

(2) 如果信道忙,则等待,直到信道空闲。

(3) 如果信道闲,则节点就传输数据。

(4) 在发送数据的同时,节点继续侦听网络,确保没有其他节点同时传送数据。

(5) 当一个节点识别出冲突,就发送一个拥塞信号,使得冲突时间足够长,让其他节点能发现。

2) 令牌环访问控制方式

利用"令牌(TOKEN)"的短帧来选择占有传输介质的节点,拥有令牌的节点,才有权发送信息。令牌平时不停地在环路上流动,当一个节点有数据要发送时,必须等到令牌出现在节点时截获它,然后将所要发送的信息附在令牌之后,数据才能发送出去。环路上只能有一个令牌存在,只要有一个节点发送信息,环路上就不会再有空闲的令牌流动。

3. 以太网

1) 有线局域网

IEEE 802.3 描述的物理媒体类型包括:10Base2、10Base5、10BaseF、10BaseT 和 10Broad 36 等;快速以太网的物理媒体类型包括:100BaseT、100BaseT4、100BaseX 等。

2) 无线局域网

无线局域网络英文全名:Wireless Local Area Networks,简称为 WLAN。它是利用射频(Radio Frequency,RF)技术,使用电磁波在空中进行通信连接,使得无线局域网络能利用简单的存取架构让用户透过它,达到"信息随身化、便利走天下"的理想境界。

7.1.4 Internet 基础

1. Internet 的产生与发展

Internet 的产生与发展分为以下三个阶段。

(1) 研究实验阶段(1969—1986)：1969 年，美国国防部高级研究局(ARPA) 主持研制用于军事研究的计算机试验网络 ARPANET(阿帕网)。

(2) 应用发展阶段(1986—1989)：1986 年，美国国家科学基金会(NSF)把全国五大超级计算机中心连接起来，组成 NSFNET(美国国家科学基金会网)。1988 年，NSFNET 与 MILNET(由 ARPANET 分离出来的美国军事信息网)连接，改名为"Internet"。

(3) 商业应用阶段(1990 至今)：1990 年以后，由于"信息高速公路"计划的推行，特别是 WWW 服务的普及，使得 Internet 进入了商业网络阶段。

2. Internet 接入方式

Internet 接入方式如图 7-5 所示。

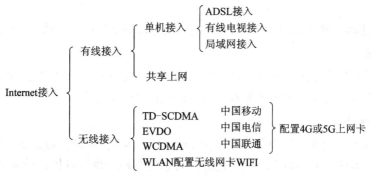

图 7-5 Internet 接入方式

由图 7-5 可以看出，Internet 的接入方式有：

(1) 不对称数字用户线(Asymmetric Digital Subscriber Line，ADSL)接入。上下行带宽不对称，可以提供上行 3 Mb/s 和下行 25 Mb/s 的速度。采用频分复用技术把普通电话线的带宽划分成电话、上行数据和下行数据三个独立的信道，可以边打电话边上网，不会互相干扰。

(2) 利用有线电视网接入到 Internet。

(3) 局域网接入。局域网已连接到 Internet，终端用户可以插入网线接入，如工厂、企业、学校、医院的内部网络。其传输速率为 10 Mb/s～1 Gb/s。

(4) 无线接入。无线接入包括 WiFi 接入以及 4G、5G 上网卡接入。

(5) 共享上网。共享上网指的是多台设备通过共享网络资源，进行互联网访问的方式。从技术实现角度来说分为硬件共享上网和软件共享上网。硬件共享通常使用共享上网路由器，该类设备通常具有共享上网的功能及 Hub 的功能。软件共享上网就是在办公室局域网中的一台具有互联网连接线路的计算机上安装共享上网软件后实现整个局域网的共享 Internet。

3. TCP/IP 协议

Internet 采用的协议有 IP(Internet 协议)和 TCP(传输控制协议)，合起来叫 TCP/IP 协议，但是所谓的 TCP/IP 协议并不仅仅只是两个协议，而是一百多个协议的总称。TCP/IP 协议结构图如图 7-6 所示。

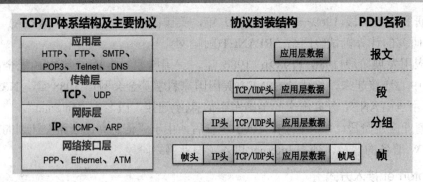

图 7-6　TCP/IP 协议结构图

1) 域名

域名用来在因特网中标识一台主机，便于人们的识别和使用，例如 www.xjtu.edu.cn。

2) IP 地址

IP 地址用来在因特网中标识一台主机——在网际层使用，例如 202.117.0.20。域名地址到 IP 地址的转换过程称为域名解析，转换通过域名服务器实现。

3) MAC 地址

MAC 地址用于在局域网中标识主机的网络接口——在局域网数据链路层使用，例如 12-FA-9B-23-DB-11。IP 地址到 MAC 地址的转换过程称为地址解析，转换通过 ARP 协议 (地址解析协议)实现。MAC(Media Access Control)地址也称为硬件地址、物理地址或网卡地址。它一般固化在网络接口中。MAC 地址由数据链路层(对应 TCP/IP 的网络接口层)进行识别和处理。每一个 MAC 地址都是全球唯一的，它标识了一台主机的网络硬件接口地址。MAC 地址是一个 48 位的二进制编码，通常以十六进制形式表示，如 00-1A-4D-47-9C-68。高 24 位是生产厂商的代码，后 24 位为产品序列号。

IP 地址是对互联网主机的逻辑表示，而不是对主机自身的物理表示。IP 地址和 MAC 地址二者是不同的。当一台主机在网络上的位置发生变化时，IP 地址可随之改变，这主要依赖于网络建造的方式，但 MAC 地址可保持不变。MAC 地址和 IP 地址之间并没有必然的联系。MAC 地址就如同一个人的身份证号，无论人走到哪里，他的身份证号是永远不会改变的；IP 地址如同邮政编码，人换个地方，他的通信邮政编码就会随之发生改变。

IP 地址(IPv4)由类别、网络号和主机号三部分组成。网络地址(Network ID)标识了主机所在的网络。主机地址(host ID)用来识别该网络中的一台主机。IP 地址编址方案将 IP 地址空间划分为 A、B、C、D、E 五类，其中 A、B、C 是基本类，D、E 类作为保留使用。

A 类地址：网络数为 2^7(128)个，每个网络包含的主机数为 2^{24}(160 万)个，A 类地址的范围是 0.0.0.0～127.255.255.255。网络号全为 0 和全为 1 保留用于特殊目的，所以 A 类地址有效的网络数为 126 个，其范围是 1～126。主机号全为 0 和全为 1 也有特殊作用，所以每个网络号包含的主机数应该是 $2^{24}-2$。因此，一台主机能使用的 A 类地址的有效范围是 1.0.0.1～126.255.255.254

B 类地址：B 类地址的网络数为 2^{14} 个(实际有效的网络数是 $2^{14}-2$)，每个网络包含的主机数为 2^{16} 个(实际有效的主机数是 $2^{16}-2$)。B 类地址的范围为 128.0.0.0～191.255.255.255，与 A 类地址类似(网络号和主机号全 0 和全 1 有特殊作用)，一台主机能使用的 B 类地址的有效范围是 128.1.0.1～191.254.255.254。

C 类地址：网络数为 2^{21} 个(实际有效的网络数是 2^{21}–2)，每个网络包含的主机数为 2^8 个(实际有效的主机数是 2^8–2)。C 类地址的范围为 192.0.0.0～223.255.255.255，同样，一台主机能使用的 C 类地址的有效范围是 192.0.1.1～223.255.255.254。

子网划分的方法：将主机标识位划分出若干位作为子网标识。子网划分可以解决 IP 地址浪费的问题。子网掩码的结构与 IP 地址的 32 位的二进制数相同，网络号和子网号对应的二进制位用"1"标识，主机号对应的二进制位用"0"标识。

划分子网掩码的作用如下：

(1) 用某 IP 地址与其相应的子网掩码进行"与"运算，可快速判断出网络号与主机号；

(2) 用子网掩码来进行子网的划分。

域名地址一般包含四部分内容，分别如图 7-7 所示。

图 7-7 域名地址

域名映射成相应的 IP 地址的过程称为域名解析(Domain Name Resolution)。在 Internet 上，"域名⇌IP 地址"的映射或解析工作由一组既独立又协作的服务器来完成，称其为域名服务器(Domain Name Server，简称 DNS)。

7.1.5 Internet 应用

1．WWW 服务

WWW(World Wide Web，万维网)是一个基于因特网的超文本信息系统。WWW 服务的几个重要组成要素是：浏览器(Browser)、Web 服务器(Web Server)、HTTP 协议(Hyper Text Transfer Protocol)。

WWW 服务的重要实现技术包括：HTML(超文本标记语言)、URL(统一资源定位器)。URL 结构为协议类型://主机地址[:端口号]/路径文件名。

2．E-mail 服务

(1) 用户代理(User Agent)：编辑、发送、接收、阅读和管理电子邮件。

(2) 电子邮件协议：将邮件发送到对方的邮件服务器用 SMTP(Simple Mail Transfer Protocol)；从邮件服务器取回邮件用 POP3(Post Office Protocol v3)和 IMAP4(Internet Message Access Protocol v4)。

(3) 基于传输层的 TCP 协议进行邮件传输：接收和转发电子邮件，向发信人报告邮件发送状态。

3．FTP(文件传输协议)服务

FTP 服务实现在两台远程计算机之间双向的文件传输。网络上存在着大量的共享文件，获得这些文件的主要方式是 FTP，FTP 服务主要使用 FTP 协议。

FTP 服务的访问方式有两种：浏览器(FTP://<FTP 服务器域名或 IP 地址>)以及专用 FTP 客户端，如 FlashFXP、CuteFTP、FileZilla 等。

4．搜索引擎

搜索引擎可以收集信息、构建索引、查询信息。

7.2 本章学习重点与难点

7.2.1 学习重点

本章的学习重点包括：

(1) 计算机网络的分层体系结构和协议。

(2) TCP/IP 协议工作原理。

(3) Internet 常用接入方式。

(4) 子网划分方法。

7.2.2 学习难点

本章的学习难点包括：

(1) 局域网。

(2) 网络协议。

(3) Internet 应用。

7.3 习 题 测 试

一、单项选择题

1．计算机网络最基本的功能是(　　　)
  A．降低成本　　　　　　　　　　B．打印文件
  C．文件调用　　　　　　　　　　D．资源共享

2．计算机网络是(　　)相结合的产物。
  A．计算机技术与信息技术　　　　B．计算机技术与通讯技术
  C．计算机技术与电子技术　　　　D．信息技术与通讯技术

3．下列选项中，属于计算机网络功能的是(　　　)。
  A．数据通信、资源共享　　　　　B．分布式处理
  C．提高计算机的可靠性　　　　　D．以上都是

4．(　　　)被认为是 Internet(因特网)的前身。
  A．万维网　　　　　　　　　　　B．ARPANET
  C．HTTP　　　　　　　　　　　D．广域网

5．局域网、城域网、广域网是按(　　　)来分的。
  A．信息交换方式　　　　　　　　B．网络使用者
  C．网络的覆盖范围　　　　　　　D．网络连接线

6．LAN 通常是指(　　　)。

A．局域网 B．广域网

C．资源子网 D．城域网

7．属于不同城市的用户的计算机互相通信，他们组成的网络属于( )。

A．局域网 B．城域网

C．广域网 D．互联网

8．各结点都与中心结点连接，呈辐射状排列在中心结点周围，这种结构是( )。

A．总线拓扑结构 B．环型拓扑结构

C．星型拓扑结构 D．网状拓扑结构

9．对于单个结点的故障不会影响到网络的其他部分，但中心接点的故障会导致整个网络瘫痪的网络拓扑结构是( )。

A．总线拓扑结构 B．星型拓扑结构

C．环型拓扑结构 D．树形拓扑结构

10．在局域网中不能共享( )。

A．硬盘 B．文件夹

C．显示器 D．打印机

11．目前局域网常用的传输介质不包括( )。

A．双绞线 B．同轴电缆

C．光纤 D．电线

12．传输控制协议/网际协议即( )，属工业标准协议，是 Internet 采用的主要协议。

A．Telnet B．HTTP

C．TCP/IP D．FTP

13．ISP 的中文名称为( )。

A．Internet 软件提供者 B．Internet 应用提供者

C．Internet 服务提供者 D．Internet 访问提供者

14．Internet 的两种主要接入方式是( )。

A．专线入网方式和拨号入网方式 B．广域网方式和局域网方式

C．Windows 和 Linux 方式 D．远程网方式和局域网方式

15．在目前使用的 Internet IP 版本中，能唯一地标识 Internet 网络中每一台主机的 IP 地址是由( )位二进制数组成的。

A．16 B．32 C．64 D．128

16．ADSL 可以在普通电话线上提供 10 Mb/s 的下行速率，即意味着理论上 ADSL 可以提供下载文件的速度达到每秒( )

A．10 × 1024 字节 B．10 × 1024 × 1024 字节

C．10 × 1024 位 D．10 × 1024 × 1024 位

17．下列关于 IP 地址的说法中错误的是( )。

A．一个 IP 地址只能标识网络中唯一的一台计算机

B．IP 地址一般用点分十进制表示

C．地址 205.106.47.256 是一个合法的 IP 地址

D．同一个网络中不能有两台计算机的 IP 地址相同

18. 给定以下若干域名地址，表示政府机构的是(　　)。

    A. www.yahoo.com.cn　　　　　　B. www.zju.edu.cn

    C. ftp.zju.net.cn　　　　　　　　D. www.zju.gov.cn

19. www.zju.edu.cn 是 Internet 中主机的(　　)。

    A. 服务器名　　　　　　　　　B. 主机名

    C. 域名　　　　　　　　　　　D. MIC 地址

20. 域名 www.hainu.com.cn 中的 com、cn 分别表示(　　)。

    A. 商业、中国　　　　　　　　B. 商业、美国

    C. 政府、中国　　　　　　　　D. 科研、中国

21. 用于解析域名的协议是(　　)。

    A. HTTP　　　　B. DNS　　　　C. FTP　　　　D. SMTP

22. 下列选项中，不属于 Internet 提供的服务是(　　)。

    A. 信息查询　　　　　　　　　B. 文件传输 FTP

    C. 远程登录 Telnet　　　　　　D. 网上邻居

23. 下面(　　)命令用于测试网络是否连通。

    A. ping　　　　　　　　　　　B. nslookup

    C. telnet　　　　　　　　　　D. ipconfig

24. 下面关于对等网的特征叙述错误的是(　　)。

    A. 计算机数目一般不超过 10 个

    B. 组成网络的目的是共享磁盘上的文件和打印机

    C. 所有计算机都相对位于一个固定的物理位置范围，并且各自管理资源

    D. 需要专门的服务器

25. 通信子网不包括(　　)。

    A. 计算机　　　　　　　　　　B. 交换机

    C. 通信线路　　　　　　　　　D. 路由器

26. 如果申请了一个免费电子信箱为 zjxm@sina.com，则该电子信箱的账号是(　　)。

    A. zjxm　　　　　　　　　　　B. @sina.com

    C. @sina　　　　　　　　　　D. sina.com

27. 发送电子邮件时，如果接收方没有开机，那么邮件将(　　)。

    A. 丢失　　　　　　　　　　　B. 退回给发件人

    C. 开机时重发　　　　　　　　D. 保存在邮件服务器上

28. 目前，局域网的传输介质(媒体)主要是同轴电缆、双绞线和(　　)。

    A. 通信卫星　　　　　　　　　B. 公共数据网

    C. 电话线　　　　　　　　　　D. 光纤

29. 以局域网方式接入因特网的个人计算机(　　)。

    A. 没有自己的 IP 地址　　　　B. 有一个临时的 IP 地址

    C. 有自己固定的 IP 地址　　　D. 有一个动态的 IP 地址

30. 下列四项中，合法的 IP 地址是(　　)。

    A. 210.45.233　　　　　　　　B. 202.38.64.4

C．101.3.305.77　　　　　　　　D．115,123,20,245

31．下列四项中，合法的电子邮件地址是(　　)。

　　A．Wang-em.hxing.com.cn　　　　B．em.hxing.com.cn-wang

　　C．em.hxing.com.cn@wang　　　　D．wang@em.hxing.com.cn

32．域名 ORG 表示(　　)。

　　A．商业机构组织　　　　　　　　B．教育机构组织

　　C．非营利机构组织　　　　　　　D．政府机构组织

33．域名 NET 表示(　　)。

　　A．商业机构组织　　　　　　　　B．教育机构组织

　　C．非营利机构组织　　　　　　　D．网络机构组织

34．域名 INT 表示(　　)。

　　A．商业机构组织　　　　　　　　B．国际机构组织

　　C．非营利机构组织　　　　　　　D．网络机构组织

35．Internet 网络层使用的四个重要协议是(　　)。

　　A．IP、ICMP、ARP、UDP　　　　B．IP、ICMP、ARP、RARP

　　C．TCP、UDP、ARP、RARP　　　　D．UDP、ARP、RARP

36．以下关于 MAC 的说法中错误的是(　　)。

　　A．MAC 地址可以通过手动修改的方式更改

　　B．MAC 地址一共有 48 比特，它们在出厂时就被固化在网卡中了

　　C．MAC 地址也称作物理地址，或通常所说的计算机的硬件地址

　　D．MAC 地址在每次启动后都不会改变

37．从逻辑上可以将计算机网络分为(　　)。

　　A．资源子网和通信子网　　　　　B．资源子网和局域子网

　　C．资源子网和广域子网　　　　　D．广域网和局域网

38．令牌环域网是(　　)对计算机网络进行划分后得到的。

　　A．按照提供的网络服务　　　　　B．按照网络覆盖的范围

　　C．按照网络的拓扑结构　　　　　D．按照网络的介质访问协议

39．网络中各个结点相互连接的形式，叫做网络的(　　)。

　　A．协议　　　　　　　　　　　　B．拓扑结构

　　C．分层结构　　　　　　　　　　D．分组结构

40．1965 年科学家提出"超文本"概念，其"超文本"的核心是(　　)。

　　A．链接　　　　B．网络　　　　C．图像　　　D．文本

二、判断题

1．Internet 是众多自治子网和终端用户机的互联组成的信息高速公路，本质上就是 WWW 网络。　　　　　　　　　　　　　　　　　　　　　　　　　　　　(　　)

2．通信子网的任务有资源储存、数据传输、数据转发、通信处理等。　　(　　)

3．按照网络提供的服务方式，可以将计算机网络分为 C/S 网络和点对点网络。(　　)

4．TCP/IP 协议是由 TCP 和 IP 两类协议组成的，是 Internet 构建的标准。　(　　)

5．目前大多数局域网是以太网，以太网的介质访问采用的是 CSMA/CD 技术。（　　）

6．每一个网卡都有唯一的一个 URL 地址。　　　　　　　　　　　　　（　　）

7．一般情况下，连接到网络的计算机的 IP 地址不可以重复。　　　　　（　　）

8．A 类地址第一个字节的范围是 1～127。　　　　　　　　　　　　　（　　）

9．集线器的功能中包括它可以对电信号进行复杂的变换。　　　　　　　（　　）

10．第二代计算机网络以分组交换为中心，开始于 20 世纪 50 年代末。　（　　）

11．从逻辑上可以将计算机网络分为资源子网和通信子网。　　　　　　　（　　）

12．对等网是按照提供的网络服务标准对计算机网络进行划分的。　　　　（　　）

13．构成计算机网络的要素主要有通信协议、通信设备和通信线路。　　　（　　）

14．Internet 中 URL 的含义是统一资源定位器。　　　　　　　　　　　（　　）

15．电话交换系统采用的是报文交换技术。　　　　　　　　　　　　　　（　　）

16．TCP 协议工作在数据链路层。　　　　　　　　　　　　　　　　　　（　　）

17．LAN 和 WAN 的主要区别是通信距离和传输速率。　　　　　　　　（　　）

18．TCP/IP 是一个工业标准而非国际标准。　　　　　　　　　　　　　（　　）

19．TCP/IP 只有四层架构，不符合国际标准化组织 OSI 的标准。　　　　（　　）

20．网络通信中的半双工与全双工都有两个传输通道。　　　　　　　　　（　　）

三、填空题

1．局域网常用的基本拓扑结构有_____、星型和环型。

2．典型的局域网硬件部分可以看成由以下五部分组成：网络服务器、工作站、传输介质、网络交换机与_____。

3．网络可以通过无线的方式联网，常用的无线通信介质的有_____、卫星通信、红外通信和激光通信。

4．接入 Internet 所必需的协议是 TCP/IP(传输控制协议/ 网际协议)，其核心功能是寻址、_____以及传输控制。

5．一台计算机要拨号入网，需要连接的设备是_____，其功能是实现模拟信号与数字信号的转换。

6．域名系统 DNS 的主要功能是实现_____的转换。

7．人们通常用"_____"来表示 IP 地址。

8．有一台计算机的 IP 地址为 192.168.8.26，其子网掩码为 255.255.255.0，则该计算机的网络号为_____。

9．模拟信号是一种连续变化的_____，而数字信号是一种离散的脉冲序列。

10．通常我们可将网络传输介质分为_____和_____两大类。

11．_____是一种最常用的传输介质，两根导线相互绞在一起，可使线之间的电磁干扰减至最小，比较适合短距离传输。

12．_____就是提供 IP 地址和域名之间的转换服务的服务器。

13．在网络中通常使用线路交换、_____和_____三种交换技术。

14．在 IEEE802 局域网标准中，只定义了_____和_____两层。

15．TCP/IP 协议的层次分为网络接口层、_____、传输层和应用层，其中网络接口层对应 OSI 的物理层及数据链路层，而_____层对应 OSI 的会话层、表示层和应用层。

16．局域网协议把 OSI 的数据链路层分为_____子层和_____子层。

17．数据报服务一般仅由_____提供。

18．在 Internet 与 Intranet 之间，由_____负责对网络服务请求的合法性进行检查。

19．发送电子邮件需要依靠_____协议，该协议的主要任务是负责服务器之间的邮件传送。

20．IP 地址的主机部分如果全为 1，则表示_____地址，IP 地址的主机部分若全为 0，则表示_____地址，_____被称做回波测试地址。

四、简答题

1．简述 ISO/OSI 网络协议有哪几层，每层主要功能是什么？

2．试比较分析网络互联设备中的网桥和路由器的异同点。

3．计算机网络的发展经历了哪几个阶段？

4．计算机网络的主要功能是什么。

5．简述 CSMA/CD 的工作原理。

6．若要将一个 B 类的网络 172.17.0.0 划分为 14 个子网，则请计算出子网掩码以及在每个子网中主机 IP 地址的范围是多少？

7．某单位要建立 50 台微机工作站，1 台服务器的交换式局域网，且计算机之间的最大距离不超过 85 米。此局域网与计算中心网络连接，该单位与计算中心的距离为 200 米。要求构造符合 100BASE-T 标准的交换式局域网。

(1) 列举构造该局域网所需的其他硬件设备。

(2) 请设计该网络的方案(具体结构图)。

数据库技术应用基础

////////////////////////////////

8.1 内容概要与精讲

数据库技术就是研究和管理数据的技术，它作为数据管理最有效的手段，已在各行各业得到越来越广泛的应用。毋庸置疑，任何一个行业的现代化、信息化都会用到数据库技术。

本章主要内容如下：

- 数据库概述。
- 数据模型。
- 数据库管理系统。
- SQL 语言。
- Python 数据库程序设计。

8.1.1 数据库概述

1. 数据管理发展简史

数据管理技术的发展经历了三个阶段：人工管理阶段、文件系统阶段和数据库系统阶段。各阶段的比较如表 8-1 所示。

表 8-1 数据管理技术发展经历的三个阶段的比较

<table>
<tr><td colspan="2"></td><td>人工管理</td><td>文件系统</td><td>数据库系统</td></tr>
<tr><td rowspan="4">背景</td><td>应用背景</td><td>科学计算</td><td>科学计算、管理</td><td>大规模管理</td></tr>
<tr><td>硬件背景</td><td>无直接存取设备</td><td>磁盘、磁鼓</td><td>大容量磁盘</td></tr>
<tr><td>软件背景</td><td>没有操作系统</td><td>有文件系统</td><td>有数据库管理系统</td></tr>
<tr><td>处理方式</td><td>批处理</td><td>联机实时处理、批处理</td><td>联机实时处理、分布处理、批处理</td></tr>
<tr><td rowspan="6">特点</td><td>数据管理者</td><td>人</td><td>文件系统</td><td>数据库管理系统</td></tr>
<tr><td>数据面向对象</td><td>某个应用程序</td><td>某个应用程序</td><td>现实世界</td></tr>
<tr><td>数据共享程度</td><td>无共享、冗余度大</td><td>共享性差、冗余度大</td><td>共享性大、冗余度小</td></tr>
<tr><td>数据独立性</td><td>不独立，完全依赖于程序</td><td>独立性差</td><td>具有高度的物理独立性和一定的逻辑独立性</td></tr>
<tr><td>数据结构化</td><td>无结构</td><td>记录内有结构，整体无结构</td><td>整体结构化，用数据模型描述</td></tr>
<tr><td>数据控制能力</td><td>应用程序自己控制</td><td>应用程序自己控制</td><td>由 DBMS 提供数据安全性、完整性、并发控制和恢复</td></tr>
</table>

2．数据库的基本概念

一个完整的数据库系统一般包括用户为实现特定功能而开发的数据库应用程序、数据库、数据库管理系统和数据库管理员等几个部分。

(1) 数据库(Database，DB)是数据的集合，它具有统一的结构形式并存放于统一的存储介质内，是多种应用数据的集成，并可被各个应用程序所共享。

(2) 数据库管理系统(Database Management System，DBMS)是数据库的管理软件，它是一种系统软件，负责数据库中的数据组织、数据操纵、数据维护、数据控制、数据保护和数据服务等。

(3) 数据库应用程序是使用编程语言(如 C、Python、Java 等)开发的，用于解决具体领域问题的软件。应用程序并不直接访问数据库中的原始数据或者元数据，而是将操作请求交由 DBMS 执行。

(4) 数据库管理员(Database Administrator，DBA)指专门负责数据库规划、设计、维护和管理的工作人员。

3．数据库技术管理数据的主要特征

数据库技术管理数据的主要特征包括：

(1) 能够集中控制数据；

(2) 使得数据冗余度小；

(3) 使得数据独立性强；

(4) 能够维持复杂的数据模型；

(5) 能够提供数据的安全保障。

8.1.2　数据模型

1．数据模型的三要素

数据模型的三要素是：数据结构、数据操作及数据完整性约束。

(1) 数据结构是指对象和对象间联系的表达和实现，是对系统静态特征的描述，包括数据本身以及数据之间的联系两个方面。

(2) 数据操作是指对数据库中对象的实例允许执行的操作集合，主要指检索和更新(插入、删除、修改)两类操作。

(3) 数据完整性约束是指数据的正确性、有效性和相容性。

2．数据模型的层次

数据模型按不同的层次可以划分成三种类型：

- 概念数据模型：现实世界在人脑中的反映。
- 逻辑数据模型：按计算机系统的观点对数据建模(网状模型、层状模型、关系模型)。
- 物理数据模型：反映数据的存储结构。

3．概念模型

概念数据模型简称概念模型，是面向数据库用户的现实世界的模型，主要用来描述世界的概念化结构。在概念数据模型中最常用的是实体-联系(E-R)模型，该模型认为世界是

由一组称为实体的基本对象及其之间的联系构成的。

1) E-R 模型中的几个基本概念

E-R 模型中的基本概念如下：

- 实体：客观存在并可相互区别的事物(对象)。
- 实体集：拥有相同属性的同型实体的集合。
- 属性：实体集中每个成员具有的描述性性质。属性是对实体特征的描述。
- 域：属性的取值范围称为该属性的域。
- 实体关键字：也称实体键，由能够唯一标识一个实体的属性或者属性组组成。

2) 实体集间的联系

两个实体集之间的联系可以分为以下三类：

- 1:1 联系，即一对一联系。
- 1:N 联系，即一对多联系。
- M:N 联系，即多对多联系。由联系组成的集合称为联系集。

3) E-R 图的基本图元

E-R 图的基本图元如下：

- 矩形框：表示实体集。
- 椭圆形框：表示实体集或联系集的属性。
- 菱形框：表示实体集间的联系。
- 无向线段：将实体集与属性相连或联系集与属性相连，或是将实体集与联系集相连(此时需要在线段上标明联系的类型)。

4. 逻辑模型

逻辑数据模型简称逻辑模型，它是用户从数据库所能看到的模型，是具体的 DBMS 所支持的数据模型。此模型既要面向用户，又要面向系统。在逻辑数据模型中最常用的是层次模型、网状模型和关系模型，其中应用最广泛的是关系模型。下面主要介绍关系模型。

1) 关系模型相关的基本概念

关系模型相关的基本概念如下：

(1) 关系：一个关系对应通常所说的一张表(数据库中的数据表)。

(2) 关系框架：关系的逻辑结构即表的第一行被称为关系框架。

(3) 属性：表中的一列即为一个属性；每一个属性都有一个名称，称为属性名。

(4) 元组：表中除第一行之外的每一行都称为关系的一个元组，它由属性的值组成。

(5) 超关键字：关系中能够唯一标识每个元组的属性集合。

(6) 候选关键字：能唯一标识每个元组的极小属性集合，极小属性集合是指该属性集合中包含的每一个属性都不能再减少了。

(7) 主关键字：组织物理文件时，通常选用一个候选关键字作为插入、删除、检索元组的操作变量。被选用的候选关键字称为主关键字。

(8) 外部关键字：关系的一个外部关键字是其属性的一个子集，这个子集是另一个关系的超关键字。

2) 基本关系运算

基本关系运算有以下三种：

(1) 选择，是指在指定的关系中按照用户给定的条件进行筛选，将满足给定条件的元组放入结果关系。其特点是新关系比原关系的元组数量少，属性不变。

(2) 投影，是指从指定关系的属性集合中选取属性或属性组组成新的关系。其特点是新关系比原关系的属性少，元组数量不变。

(3) 连接，是将两个关系中的元组按指定条件进行组合，生成一个新的关系。其特点是新关系的属性通常由两个被连接关系的属性共同组成。

3) 关系模型的完整性约束

完整性约束条件是数据模型的一个重要组成部分，它保证数据库中的数据与现实世界中的事物的一致性。关系数据模型的完整性约束可以分为以下四类：

· 域完整性：规定属性的值域以及能否为空。

· 实体完整性：该约束要求关系的主键中属性值不能为空值，这是数据库完整性最基本的要求。

· 引用完整性：也称参考完整性，它规定在关系中的外键要么是所关联关系中实际存在的元组，要么就为空值。

· 用户定义完整性：它是针对具体数据环境与应用环境，由用户具体设置的约束。

5．E-R 模型到关系模型的转化

1) 实体的转化

每一个实体都可转化为一个关系，原来描述实体的属性直接转化为关系的属性，实体的主关键字转化为关系的主关键字。

2) 一对一联系的转化

将任意一方的主关键字放入另一方的关系中。若联系本身还具有属性，则也将属性放入这一关系中。

3) 一对多联系的转化

将一方的主关键字放入多方的关系中，作为多方的外部关键字。若联系本身还具有属性，则也将属性放入多方的关系中。

4) 多对多联系的转化

为多对多联系创建一个新的关系，将参与这个多对多联系的双方的主关键字放入新关系中，双方的主关键字合在一起构成了新的关系的主关键字。若联系还具有自己的属性，则这些属性也要放入这个关系中。

8.1.3　数据库管理系统

1．数据库管理系统的功能

数据库管理系统的功能包括：

(1) 数据库的定义；

(2) 数据库的操作及优化；

(3) 数据库的控制和运行；

(4) 数据库的恢复和维护；

(5) 数据库的数据管理；

(6) 提供数据库的多种接口。

2. 常见的数据库管理系统软件

1) 国产数据库软件

目前已经获得实际应用的、较有影响力的国产数据库管理系统软件主要有东软公司开发的东软 OpenBASE，达梦公司推出的具有完全自主知识产权的高性能数据库管理系统达梦数据库(DM7)，天津南大通用数据技术股份有限公司的 GBASE 国产数据库、北京人大金仓信息技术股份有限公司的金仓数据库等。

2) 国际主流数据库软件

目前市场上主要的国际 DBMS 软件有 Access、SQL Server、DB2、Oracle、Sybase、Informix、FoxPro、MySQL 等。

3) 开源数据库软件

开源数据库软件主要有 MySQL、Firebird、SAP DB、Derby、HSQL 等。

8.1.4　SQL 语言

1. 基本 SQL 语句的语法格式

最基本的 SQL 语句主要包括两类：

- 数据查询命令：SELECT。
- 数据更新命令：INSERT、UPDATE、DELETE。

1) SELECT 语句

SELECT 语句用于从指定的表中找出满足条件的记录，按目标列显示数据，其语法格式如下：

　　　　SELECT　目标列　FROM　表

　　　　[WHERE　条件表达式]

说明：SQL 语句中[]内的内容表示可以省略。

2) INSERT 语句

INSERT 语句用于在数据中插入一条记录，其语法格式如下：

　　　　INSERT INTO　表名　[(字段 1，…，字段 n)] VALUES (值 1，…，值 n)

3) UPDATE 语句

UPDATE 语句用于修改数据，其语法格式如下：

　　　　UPDATE　表　SET　字段 1=表达式 1，… ,字段 n=表达式 n [WHERE　条件]

4) DELETE 语句

DELETE 语句用于删除数据，其语法格式如下：

　　　　DELETE FROM　表　[WHERE　条件]

2．常用 SQL 语句

下面给出一些常用的基本 SQL 语句，加粗部分为 SQL 语句的关键字。

- 创建数据库：**create database** database-name。
- 删除数据库：**drop database** dbname。
- 创建新表：**create table** tabname(col1 type1 [not null] [primary key], col2 type2 [not null], …)。
- 删除新表：**drop table** tabname。
- 增加一个列：**alter table** tabname **add column** col type。
- 添加主键：**alter table** tabname **add primary** key(col)。
- 选择：**select * from** table1 **where** 范围。
- 插入：**insert into** table1(field1, field2) **values**(value1, value2)。
- 删除：**delete from** table1 **where** 范围。
- 更新：**update table1 set** field1=value1 **where** 范围。
- 查找：**select * from** table1 **where** field1 like '%value1%'。
- 排序：**select * from** table1 **order by** field1, field2 [**desc**]。
- 总数：**select count as** totalcount **from** table1。
- 求和：**select sum**(field1) **as** sumvalue **from** table1。
- 平均：**select avg**(field1) **as** avgvalue **from** table1。
- 最大：**select max**(field1) **as** maxvalue **from** table1。
- 最小：**select min**(field1) **as** minvalue **from** table1。

8.1.5 Python 数据库程序设计

使用 Python 语言可以方便地对数据库进行访问和操作。Python 访问数据库的一般操作步骤如下：

(1) 建立数据库连接；

(2) 执行数据库操作前，需要获得一个 cursor 对象；

(3) 使用 cursor 的方法操作数据库；

(4) 创建表的结构，设置主键；

(5) 插入多条记录；

(6) 查询并显示；

(7) 所做的修改保存到数据库；

(8) 分别关闭指针对象和连接对象。

8.2 本章学习重点与难点

8.2.1 学习重点

本章的学习重点包括：

(1) 数据模型；

(2) 关系数据库管理系统；

(3) SQL 语句。

8.2.2　学习难点

本章的学习难点包括：

(1) SQL 语句；

(2) Python 数据库程序设计。

8.3　习题测试

一、单项选择题

1. 数据完整性不包括下列哪一项？(　　)

  A. 可靠性　　　　　　　　　　　B. 正确性

  C. 有效性　　　　　　　　　　　D. 相容性

2. 数据库系统的核心是(　　)。

  A. 数据模型　　　　　　　　　　B. 数据库管理系统

  C. 数据库　　　　　　　　　　　D. 数据库管理员

3. 用树形结构表示实体之间联系的模型是(　　)。

  A. 关系模型　　　　　　　　　　B. 网状模型

  C. 层次模型　　　　　　　　　　D. 以上三个都是

4. "商品"与"顾客"两个实体集之间的联系一般是(　　)。

  A. 一对一　　　　　　　　　　　B. 一对多

  C. 多对一　　　　　　　　　　　D. 多对多

5. 在 E-R 图中，用来表示实体的图形是(　　)。

  A. 矩形　　　　　　　　　　　　B. 椭圆形

  C. 菱形　　　　　　　　　　　　D. 三角形

6. 设有如下关系表：

R				S				T		
A	B	C		A	B	C		A	B	C
1	1	2		3	1	3		1	1	2
2	2	3						2	2	3
								3	1	3

则下列操作中正确的是(　　)。

  A. T = R∩S　　　　　　　　　　B. T = R∪S

  C. T = R × S　　　　　　　　　　D. T = R/S

7. 数据库设计的四个阶段是：需求分析、概念设计、逻辑设计和(　　)。

  A. 编码设计　　　　　　　　　　B. 测试阶段

  C．运行阶段   D．物理设计

8．E-R 图用于描述数据的(　　)。

  A．概念模型   B．逻辑模型

  C．物理模型   D．数学模型

9．一个学生可以参加多个俱乐部，一个俱乐部由多名学生组成，则二者的联系是(　　)。

  A．1∶1   B．1∶n

  C．n∶1   D．m∶n

10．在 E-R 图中，表示实体之间联系的是(　　)。

  A．矩形   B．菱形

  C．椭圆形   D．无向线段

11．在层次模型中用来描述数据对象和数据对象之间的关系的结构是(　　)。

  A．树   B．图

  C．二维表   D．网状结构

12．在下列关键字中，必须唯一的是(　　)。

  A．超关键字   B．候选关键字

  C．主关键字   D．外关键字

13．同一关系中，超关键字包含的属性个数一般(　　)候选关键字包含的属性个数。

  A．大于   B．大于等于

  C．小于   D．小于等于

14．从一个关系中找出某些满足条件的元组，属于(　　)。

  A．选择   B．投影

  C．连接   D．笛卡尔积

15．下列软件中不属于关系数据库关系系统的是(　　)。

  A．MySQL   B．Excel

  C．SQLServer   D．Oracle

16．与创建数据库无关的是(　　)。

  A．创建数据库名   B．设置排序规则

  C．设置字符集   D．输入用户名和密码

17．与建立数据表无关的是(　　)。

  A．设置列的类型   B．设置列的字体

  C．设置列的默认值   D．设置外键

18．可以对关系表中某行数据进行修改的 SQL 语句是(　　)。

  A．SELECT   B．INSERT

  C．UPDATE   D．DELETE

19．SELECT 语句中用于表示要查询的关系表的关键字是(　　)。

  A．FROM   B．WHERE

  C．ORDER BY   D．SELCET

20．用 Python 操作数据时，不涉及的语句是(　　)。

A．import math
B．MySQLdb.Connect
C．execute
D．close

二、填空题

1．数据独立性分为逻辑独立性与物理独立性，当数据的存储结构改变时，其逻辑结构可以不变，因此，基于逻辑结构的应用程序不必修改，称为＿＿＿＿＿＿＿。

2．数据管理技术发展过程经过＿＿＿＿＿＿、＿＿＿＿＿＿和＿＿＿＿＿＿三个阶段，其中数据独立性最高的阶段是＿＿＿＿＿＿，在＿＿＿＿＿＿阶段，数据具有独立性和一定的共享性，但数据完整性、并发性、安全性管理能力弱。

3．在关系模型中，把数据看成是二维表，每一个二维表称为一个＿＿＿＿＿＿。

4．一个关系表的行称为＿＿＿＿＿＿，列称为＿＿＿＿＿＿。

5．在数据库系统中，处于核心地位的是＿＿＿＿＿＿。

6．数据的安全保障主要包括＿＿＿＿＿＿和＿＿＿＿＿＿两个方面。

7．专门负责数据规划、设计、维护和管理的工作人员称为＿＿＿＿＿＿。

8．数据模型的三要素是＿＿＿＿＿＿、＿＿＿＿＿＿和＿＿＿＿＿＿。

9．对象和对象之间联系的表达和实现称为＿＿＿＿＿＿，描述了系统静态特征。

10．数据模型可以分为＿＿＿＿＿＿、＿＿＿＿＿＿和＿＿＿＿＿＿三个层次，其中用于实现数据存储的是＿＿＿＿＿＿模型，关系表属于＿＿＿＿＿＿模型。＿＿＿＿＿＿模型到＿＿＿＿＿＿模型的映射实现了数据库的逻辑独立性，＿＿＿＿＿＿模型到＿＿＿＿＿＿模型的映射实现了数据库的物理独立性。

11．E-R 模型主要由＿＿＿＿＿＿和＿＿＿＿＿＿组成。

12．实体所具有的某一特性称为其属性，属性的取值称为＿＿＿＿＿＿。能够唯一标识一个实体的属性或属性组称为＿＿＿＿＿＿。

13．实体间的联系包括＿＿＿＿＿＿、＿＿＿＿＿＿和＿＿＿＿＿＿。

14．常见的逻辑模型有＿＿＿＿＿＿、＿＿＿＿＿＿和＿＿＿＿＿＿，其中目前数据库中广泛采用的是＿＿＿＿＿＿，在该模型中用＿＿＿＿＿＿描述数据对象及数据对象之间的联系。

15．＿＿＿＿＿＿完整性规定主关键字的属性不能重复，也不能为空。

16．将两个关系中的元组按指定条件进行组合，生成一个新的关系，是关系的＿＿＿＿＿＿运算。

17．将 E-R 模型转换为关系模型时，通常将一个实体转换为＿＿＿＿＿＿。

18．数据库中存储中英文字符时，字符集一般设置为＿＿＿＿＿＿。

19．SQL 的中文含义是＿＿＿＿＿＿。

20．在关系运算中，＿＿＿＿＿＿是从一个关系中选取部分属性，生成新的关系。

三、简答题

1．简述数据库系统的组成。

2．数据库技术管理的主要特征是什么？

3．什么是关系模型的完整性约束，主要包括哪些方面？

4．简述数据管理系统的功能。

信息处理与多媒体技术

9.1　内容概要与精讲

/////////////////////////////

随着计算机应用的不断发展和普及，信息处理技术已经广泛渗入到工作和生活的各个领域中，利用计算机管理实现办公自动化已经成为工作的重要手段。常用的信息处理工具软件有压缩与解压缩应用软件，常用的办公软件有 WORD、PPT、EXCEL、电子文档阅读工具 PDF 以及光盘刻录工具等。多媒体计算机技术是基于计算机、电子技术和通信技术发展起来的一门新的学科。多媒体技术是指计算机具有综合处理声音、文字、图像和视频信息的能力，其丰富的声、文、图信息和方便的交互性与实时性，改善了人机界面，改善了计算机的使用方式，丰富了计算机的应用领域。

本章主要内容如下：

- 多媒体技术应用概述。
- 模拟信号数字化基础。
- 音频信号。
- 图像信号。
- 动画、视频及应用。

9.1.1　多媒体技术应用概述

1. 多媒体的含义

媒体一词源于英文 Media，它是指人们用于传播和表示各种信息的手段。

通常媒体分为以下五种：

- 感觉媒体：是指能直接作用于人们的感觉器官，从而能使人产生直接感觉的媒体，如语言、声音、图像、动画、文本等。
- 表示媒体：是指为了传送感觉媒体而人为研究出来的媒体，如文本编码、条形码等。
- 显示媒体：是指能够进行信息输入/输出的媒体，也就是用于电信号和感觉媒体之间产生转换的媒体，如键盘、鼠标、显示器、打印机等。
- 存储媒体：是指用于存储表示媒体的物理介质，如硬盘、光盘、胶卷等。
- 传输媒体：是指传输表示媒体的物理介质，如电缆、光缆等。

媒体在计算机领域中有两层含义：一是指用于存储信息的实体，如磁带、磁盘、光盘等；二是指信息的载体，如数字、文字、图像、声音、动画、视频等。计算机多媒体技术中的多媒体指后者。

多媒体技术的主要特征：可集成性、交互性、超媒体的信息组织形式、通信线路的可传播性。

1) 多媒体的关键性技术

多媒体的关键性技术包括以下几个方面：

(1) 数据压缩和解压缩技术。

(2) 大容量存储技术。

(3) 超大规模集成电路控制技术与专用芯片。

(4) 多媒体同步技术。

(5) 多媒体系统平台技术。

2) 多媒体技术的发展趋势

(1) 进一步完善计算机支持的协同工作环境。

(2) 智能多媒体技术。

(3) 将多媒体和通信技术融合到 CPU 芯片中。

3) 多媒体技术的发展方向

(1) 高分辨率，提高显示质量。

(2) 高速度化，缩短处理时间。

(3) 简单化，便于操作。

(4) 高度思维化，促进理解。

(5) 智能化，提高信息识别能力。

(6) 标准化，便于信息交换和资源共享。

2. 多媒体应用

多媒体应用系统有很多，例如：多媒体信息咨询系统、多媒体信息管理系统、多媒体辅助教育系统、多媒体电子出版物、多媒体视频会议系统、多媒体远程诊医系统、远程教学系统、多媒体视频点播系统、交互式电视、数字化图书馆、多媒体邮件、多媒体宣传演示系统、多媒体训练系统、虚拟现实等。

9.1.2 模拟信号数字化基础

1. 信号

在电子系统中，信号通常是随时间变化的电压或电流，从数学观点而言就是独立变量 t 的函数 $f(t)$。

信号分为以下两类：

(1) 模拟信号：在连续的时间范围内有定义的信号。

(2) 数字信号：仅在一些离散的瞬间才有定义的信号。

2．模拟信号的数字化

模拟信号的数字化过程如图 9-1 所示。

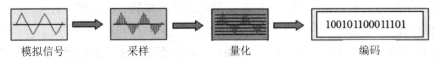

模拟信号　　　　采样　　　　量化　　　　编码

图 9-1　模拟信号的数字化过程

3．采样定理(奈奎斯特采样定理)

采样定理规定只要采样频率不低于信号最高频率的两倍，即可将以数字表达的信号还原成原来的信号。

9.1.3　音频信号

1．声音

声音是通过空气传播的一种波，称为声波。声波通过传声器转换成在时间和幅度上连续的电信号，称为模拟声音信号。

声音具有方便、直接、有效的特点，是人类历史最悠久的表达及传递的方式，也是使用频率最高的媒体形式。

声音的三要素：音量、音调、音色。

2．声音的数字化表示

声音的数字化过程包括三个步骤：采样、量化、编码。

(1) 采样：也称取样、抽样，就是每隔一定的时间间隔在模拟音频波形上取一个幅度值。而采样频率是指单位时间内采样的次数。

(2) 量化：就是将采样后得到的波形瞬时值的幅度离散化，对振幅值进行限定和近似，将原来连续的振幅值近似到经过限定的相近的离散值上。

(3) 编码：将量化后的幅度值用二进制形式表示的过程。

3．音频的存储空间

数据量(字节/秒) = 采样频率(Hz) × 量化位数(bit) × 声道数 × 时间(秒) / 8

当模拟音频转化为数字音频后，还要按一定格式进行编码，然后进行存储。数字音频常用的编码方式有：波形编码、参数编码、混合编码(MP3)。

9.1.4　图像信号

1．色彩的表示(三基色原理)

自然界中常见的各种颜色，都可由红、绿、蓝三种颜色按不同的比例相配而成，这就是色度学中最基本的原理——三基色原理。

2．色彩空间

色彩空间主要有以下三种：

· RGB 色彩空间，相加混色。

- CMY(青 Cyan、品红 Magenta、黄 Yellow)色彩空间，相减混色。
- HSB 色彩空间，用色调(Hue)、饱和度(Saturation)、亮度(Brightness)表示色彩，适合于人眼，更符合人的视觉特性，多用于图像的制作、编辑、评价等。

3. 图像数字化

图像数字化是按一定的空间间隔自左到右、自上而下提取画面信息，并按一定的精度进行量化的过程。

图像数字化的三个步骤是采样、量化、编码，其中采样过程涉及的两个重要参数是分辨率和图像深度。

分辨率：在一定的面积内取多少个点，或者多少个像素，它决定图像的清晰度，分辨率有以下四种。

(1) 输入分辨率：表示输入设备在每英寸线内捕捉的信息量。

(2) 显示分辨率：① 描述一台显示器在同一时间可以显示的总信息量。② 在屏幕上每英寸所描述的点数或线数。

(3) 输出分辨率：指图像在输出设备上所需的密度信息。

(4) 图像分辨率：记录每个点的某一因素的数据位数。

图像深度：图像深度与色彩的映射关系主要有真彩色、伪彩色和调配色等。

例如：一幅彩色静态图像(RGB)，其分辨率设置为 256×512，每一种颜色用 8 bit 表示，每幅图有 RGB 三个颜色，则该彩色静态图像的数据量为$(256 \times 512 \times 3 \times 8)$bit。

4. 图像的分类

在计算机中，图像即数字图像，它主要有两种形式：一是位图(点阵图)，二是矢量图。

(1) 位图：以像素为单位构成的，在旋转、缩放时易失真且文件容量较大的图。常用的位图编辑工具有 Photoshop、画图等。

(2) 矢量图：是由数据矢量公式定义的，在旋转、缩放时不失真且文件容量较小的图。常用的矢量图编辑工具有 flash、CorelDraw 等。

常见的图像格式：BMP、JPG、GIF、TIF、PSD、PCX 等。

网页中常用的图像格式是 GIF 和 JPG 格式。

5. 图像文件的压缩

图像文件压缩的根本目的是尽量减小数据压缩比，减小数据存储所需空间。

多媒体文件压缩包括无损压缩和有损压缩两种。

(1) 无损压缩：是可逆的，比如文档、可执行文件等普通数据文件，其压缩比很大，一般有 1∶2 到 1∶4。

(2) 有损压缩：是不可逆的，对于多媒体文件来说，压缩比很小，能达到 1∶10、1∶20 甚至 1∶40。

图像压缩过程分为变换部分、量化部分和编码部分。

9.1.5　动画、视频及应用

1. 多媒体作品中的动画、视频

视觉暂留现象：因为我们看到的物体在视网膜上所形成的影像，通常会保留一段时间，大约是 1/16 s，所以如果两张不连续的影像在相隔 1/16 s 内呈现，那么这两张不连续的影像看起来就像是连续的一样。动画片、电影就是这个原理。

电影的帧速率为 24 帧/s；PAL(逐行倒相)制电视的帧速率为 25 帧/s；NTSC(美国国家电视标准委员会)制电视的帧速率为 30 帧/s。

动画每秒放映的帧数由制作者决定，一般采用 16 帧/s。

动画与视频有以下三个区别：

(1) 动画是对真实物体进行模型化、抽象化、线条化，生成再造画面；视频是从实地拍摄中获取的，然后对之进行采集和编辑形成视频信息。

(2) 动画主要用来动态模拟、展示虚拟现实；视频主要用于体现真实画面的变化。

(3) 动画运用于实验环境、工艺流程、测试结果和复杂系统工程中的动态模拟；视频运用于刻画现实中的人、事、物等。

2．计算机动画技术的原理与应用

1) 动画的分类

动画按生成方式分为实时动画和逐帧动画。

动画按空间视觉效果分为二维动画和三维动画。

动画按播放效果分为顺序动画和交互动画。

动画按生成动画技术分为造型动画和帧动画。

2) 动画制作过程

二维动画制作过程：整体设计、动画创意、脚本制作、收集素材、绘制画面、生成动画、导出动画。

三维动画制作过程：造型、动画、绘图。

3) 动画生成技术

动画生成技术包括关键帧动画技术、运动路径动画技术、变形动画技术、物理模型技术、逐帧动画技术。

4) 动画技术应用领域

动画技术应用领域有影视、科学技术、教育、军事、商业等。

3．视频的分类

(1) AVI 文件 *.AVI：它是微软公司开发的一种数字音频与视频文件格式。

(2) QuickTime 文件 *.MOV/*.QT：它是 Apple 计算机公司开发的一种音频与视频文件格式。

(3) MPEG 文件 *.MPEG/*.MPG/*.DAT：MPEG 文件格式是运动图像压缩算法的国际标准，其压缩效率非常高，平均压缩比为 50：1，最高可达 200：1，图像音响质量也非常好。

(4) RealVideo 文件 *.RM：它是 RealNetworks 公司开发的一种新型流式视频文件格式，在网络中可实现实时传送和实时播放的功能。

4．常用的动画、视频制作软件

常用的动画、视频制作软件是 Flash。

9.2 本章学习重点与难点

9.2.1 学习重点

本章学习重点主要包括：
(1) 常用信息处理工具软件的使用；
(2) 媒体的概念、表现形式；
(3) 多媒体技术、特征、关键技术及发展趋势；
(4) 模拟信号数字化过程；
(5) 音频信号的数字化、常见格式及压缩技术；
(6) 图形图像信号表示、数字化及压缩技术；
(7) 动画、视频及应用。

9.2.2 学习难点

本章学习难点主要包括：
(1) 动态图像的特点；
(2) 多媒体作品的制作；
(3) 动画、视频的制作；
(4) 压缩技术。

9.3 习 题 测 试

一、单项选择题

1. 所谓媒体是指(　　　)。
    A. 二进制代码
    B. 表示和传播信息的载体
    C. 计算机输入与输出的信息
    D. 计算机屏幕显示的信息

2. 帧频率为 25 帧/秒的电视制式有(　　　)。
    A. RGB
    B. PAL
    C. NTSC
    D. YUV

3. 在以下音频编码方法和标准中，(　　　)属于混合编码方法，它从人的听觉系统出发，利用掩蔽效应，设计心理声学模型，从而实现更高效率的数字音频压缩。
    A. APCM 编码
    B. MPEG 音频编码
    C. DPCM 编码
    D. LPC 编码

4. 一般说来，声音的质量要求越高，则(　　　)。
    A. 量化位数越低并且采样频率越低
    B. 量化位数越高并且采样频率越高
    C. 量化位数越低并且采样频率越高
    D. 量化位数越高并且采样频率越低

5. 以下叙述正确的是(　　)。

    A. 编码时删除一些无关紧要的数据的压缩方法称为无损压缩

    B. 解码后的数据与原始数据不一致称为有损压缩编码

    C. 编码时删除一些重复数据以减少存储空间的方法称为有损压缩

    D. 解码后的数据与原始数据不一致称为无损压缩编码

6. 在音频处理中,因为人耳所能听见的最高声频大约可设定为 22 kHz,所以在音频处理中对音频的最高标准采样频率可取为 22 kHz 的(　　)倍。

    A. 0.5　　　　　　B. 1　　　　　　C. 1.5　　　　　　D. 2

7. 人们在实施音频数据压缩时,通常应综合考虑的因素有(　　)。

    A. 音频质量、数据量、音频特性

    B. 音频质量、计算复杂度、数据量

    C. 计算复杂度、数据量、音频特性

    D. 音频质量、计算复杂度、数据量、音频特性

8. 彩色可用(　　)来描述。

    A. 亮度,饱和度,色调　　　　　　　　B. 亮度,饱和度,颜色

    C. 亮度,对比度,颜色　　　　　　　　D. 亮度,色调,对比度

9. 使用图像处理软件可以对图像进行(　　)。

①放大、缩小;②上色、裁剪;③扭曲、变形;④叠加、分离。

    A. ②③④　　　　B. ②④　　　　C. ①②③④　　　　D. ①②

10. 某同学运用 photoshop 加工自己的照片,照片未能加工完毕,他准备下次接着做,他应该将照片保存为(　　)格式。

    A. .BMP　　　　　　B. .SWF　　　　　　C. .PSD　　　　　　D. .GIF

11. 声音加工可以完成以下制作(　　)。

①分割;②合成;③淡入淡出;④降噪。

    A. ①②③④　　　　B. ①②④　　　　C. ②③④　　　　D. ①④

12. 下列可以把 WAVE 格式的音频文件转换为 MP3 格式的软件是(　　)。

    A. Photoshop　　　B. GoldWave　　　C. PowerPoint　　　D. Excel

13. 采用下面哪种标准采集的声音质量最好(　　)。

    A. 单声道、8 位量化、22.05 kHz 采样频率

    B. 双声道、8 位量化、44.1 kHz 采样频率

    C. 单声道、16 位量化、22.05 kHz 采样频率

    D. 双声道、16 位量化、44.1 kHz 采样频率

14. 视频加工可以完成以下制作(　　)。

①将两个视频片断连在一起;②为影片添加字幕;③为影片另配声音;④为场景中的人物重新设计动作。

    A. ①②　　　　　B. ①③④　　　　C. ①②③　　　　D. ①②③④

15. PAL 制式是我国采用的彩色电视广播标准,它使用的帧频率为(　　)。

    A. 12 帧/s　　　　B. 20 帧/s　　　　C. 24 帧/s　　　　D. 25 帧/s

16. 下述声音分类中质量最好的是(　　)。

A．数字激光唱盘　　　　　　　　B．调频无线电广播

C．调幅无线电广播　　　　　　　D．电话

17．以下可用于多媒体作品集成的软件是(　　)。

A．PowerPoint　　　　　　　　　B．Windows Media Player

C．Acdsee　　　　　　　　　　　D．Goldwave

18．在数字视频信息获取与处理过程中，下述顺序(　　)是正确的。

A．A/D 变换、采样、压缩、存储、解压缩、D/A 变换

B．采样、压缩、A/D 变换、存储、解压缩、D/A 变换

C．采样、A/D 变换、压缩、存储、解压缩、D/A 变换

D．采样、D/A 变换、压缩、存储、解压缩、A/D 变换

19．图像序列中的两幅相邻图像，后一幅图像与前一幅图像之间有较大的相关，这是
(　　)。

A．空间冗余　　　　　　　　　　B．时间冗余

C．信息熵冗余　　　　　　　　　D．视觉冗余

20．下列关于计算机图形图像的描述中，不正确的是(　　)。

A．图像都是由一些排成行列的点(像素)组成，通常称为位图或点阵图

B．图像的最大优点是容易进行移动、缩放、旋转和扭曲等变换

C．图形是用计算机绘制的画面，也称矢量图

D．在图形文件中只记录生成图的算法和图上的某些特征点，数据量较少

21．MPC(Multimedia Personal Computer)与 PC 的主要区别是增加了(　　)。

A．存储信息的实体　　　　　　　B．视频和音频信息的处理能力

C．光驱和声卡　　　　　　　　　D．大容量的磁介质和光介质

22．CD 光盘上记录信息的轨迹叫光道，信息存储在(　　)的光道上。

A．一条圆形　　　　　　　　　　B．多条同心环形

C．一条渐开的螺旋形　　　　　　D．多条螺旋形

23．DVD-ROM 的光盘最多可存储 17 GB 的信息，比 CD-ROM 光盘的 650 MB 大了
许多。DVD-ROM 光盘是通过(　　)来提高存储容量的。

A．减小读取激光波长，减小光学物镜数值孔径

B．减小读取激光波长，增大光学物镜数值孔径

C．增大读取激光波长，减小光学物镜数值孔径

D．增大读取激光波长，增大光学物镜数值孔径

24．为保证用户在网络上边下载边观看视频信息，需要采用(　　)技术。

A．流媒体　　　　B．数据库　　　　C．数据采集　　　　D．超链接

25．(　　)通过手指上的弯曲传感器、扭曲传感器和手掌上的弯度传感器、弧度传感
器，来确定手及关节的位置和方向，从而实现环境中的虚拟手及其对虚拟物体的操纵。

A．跟踪球　　　B．数据手套　　　C．头盔显示器　　　D．立体眼镜

26．在显存中，表示黑白图像的像素点数据最少需(　　)位。

A．1　　　　　　　B．2　　　　　　　C．3　　　　　　　D．4

27．人眼看到的任一色彩都是亮度、色调和饱和度 3 个特性的综合效果，其中(　　)

反映的是颜色种类。

　　　　A．色调　　　　　　B．饱和度　　　　　C．灰度　　　　　D．亮度

　　28．图像文件格式分为静态图像文件格式和动态图像文件格式，(　　)属于静态图像文件格式。

　　　　A．MPG 文件格式　　　　　　　　B．AVS 文件格式
　　　　C．JPG 文件格式　　　　　　　　D．AVI 文件格式

　　29．在 MPEG 中为了提高数据压缩比，采用的方法有(　　)。

　　　　A．运动补偿的运动估计　　　　　B．减少时域冗余与空间冗余
　　　　C．帧内图像数据与帧间图像数据压缩　D．向前预测与向后预测

　　30．某音频信号的采样频率为 44.1 kHz，每个样值的比特数是 8 b，则每秒存储数字音频信号的字节数是(　　)。

　　　　A．344.531k　　　　B．43.066k　　　　C．44.1k　　　　D．352.8k

　　31．使用 300 dpi 的扫描分辨率扫描一副 6×8 英寸的彩色图像，可以得到一副(　　)像素的图像。

　　　　A．300　　　　　　B．6×8　　　　　C．1800×2400　　D．300×6×8

　　32．30 秒钟双声道、16 位采样位数、22.05 kHz 采样频率声音的不压缩的数据量是(　　)。

　　　　A．1.26 MB　　　　B．2.52 MB　　　　C．3.52 MB　　　D．25.20 MB

　　33．20 秒钟 NTSC 制 640×480 分辨率 24 位真彩色数字视频的不压缩的数据量是(　　)。

　　　　A．527.34 MB　　　B．52.73 MB　　　C．500.20 MB　　D．17.58 MB

　　34．一幅分辨率为 640×480 的真彩色图像占用的存储空间为(　　)。

　　　　A．(640×480×8)/8 B　　　　　　B．(640×480×3×8)B
　　　　C．(640×480×3×8)/2 B　　　　　D．(640×480×3×8)/8 B

　　35．使用 200 dpi 的扫描分辨率扫描一副 2×2.5 英寸的黑白图像，可以得到一副(　　)像素的图像。

　　　　A．200×2　　　　B．2×2.5　　　　C．400×500　　　D．800×1000

　　36．某数码相机的分辨率设定为 1600×1200 像素，颜色深度为 24 位，若不采用压缩存储技术，则 32 MB 的存储卡最多可以存储(　　)张照片。

　　　　A．3　　　　　　　B．5　　　　　　　C．10　　　　　　D．17

　　37．以下不是静态图像文件格式的是(　　)。

　　　　A．BMP　　　　　B．GIF　　　　　　C．MPG　　　　　D．TIFF

　　38．在多媒体制作过程中，不同媒体类型的数据收集需要不同的设备和技术手段，动画一般通过(　　)生成。

　　　　A．字处理软件　　　　　　　　　B．视频卡采集
　　　　C．声卡剪辑　　　　　　　　　　D．专用绘图软件

　　39．下列说法中正确的是(　　)。

　　① 图像都是由一些排成行列的像素组成的，通常称为位图或点阵图；② 图形是用计算机绘制的画面，也称矢量图；③ 图像的最大优点是容易进行移动、缩放、旋转和扭曲

等变换；④ 图形文件中只记录生成图的算法和图上的某些特征点，数据量较小。

    A. ①②③   B. ①②④   C. ①②   D. ③④

40. 在动画制作中，一般帧速选择为( )。

    A. 30 帧/s   B. 60 帧/s   C. 120 帧/s   D. 90 帧/s

41. 下列功能( )是多媒体创作工具的标准中应具有的功能和特性。

① 超级链接能力；② 编程环境；③ 动画制作与演播；④ 模块化与面向对象化。

    A. ①③   B. ②④   C. ①②③   D. 全部

42. 张军同学用麦克风录制了一段 WAV 格式的音乐，由于文件容量太大，不方便携带。在正常播放音乐的前提下，要把文件容量变小，张军使用的最好办法是( )。

    A. 应用压缩软件，使音乐容量变小

    B. 应用音频工具软件将文件转换成 MP3 格式

    C. 应用音乐编辑软件剪掉其中的一部分

    D. 应用音频编辑工具将音乐的音量变小

43. 刘丽同学想用多种方法获取声音文件，下面哪些方法才是正确获取的( )。

① 从光盘上获取；② 从网上下载；③ 通过扫描仪扫描获取；④ 使用数码相机拍摄；⑤ 用录音设备录制；⑥ 用软件制作 MIDI 文件。

    A. ①②③④   B. ①②⑤⑥   C. ③④⑤⑥   D. ②③⑤⑥

44. 采用的工具软件不同，计算机动画文件的存储格式也就不同。以下几种文件的格式中不是计算机动画格式的是( )。

    A. GIF 格式   B. MIDI 格式   C. SWF 格式   D. MOV 格式

45. 关于电子出版物，下列说法错误的是( )。

    A. 电子出版物的存储容量大，一张光盘可以存储几百本长篇小说

    B. 电子出版物的媒体种类多，可以集成文本、图形、图像、动画、视频和音频等多媒体信息

    C. 电子出版物不能长期保存

    D. 电子出版物检索信息迅速

二、填空题

1. 多媒体技术的关键特征主要有四种：＿＿＿＿、＿＿＿＿、＿＿＿＿、＿＿＿＿。

2. 信息载体革命的三个重要里程碑：＿＿＿＿、＿＿＿＿、＿＿＿＿。

3. 多媒体计算机系统的五个层次结构是：＿＿＿＿、＿＿＿＿、多媒体创作工具及软件、多媒体应用系统。

4. 模拟音频信号的两个重要参数是：＿＿＿＿和幅度。

5. 声音质量分级的四个等级是：＿＿＿＿、FM 质量、＿＿＿＿、电话质量。

6. 利用合成器产生 MIDI 音乐的主要方法有两种：＿＿＿＿、波表合成法。

7. 色彩的三要素是：＿＿＿＿、＿＿＿＿、＿＿＿＿。

8. RGB 色彩模型的三基色是：＿＿＿＿、＿＿＿＿、＿＿＿＿。

9. HSB 模型的三个参数是：＿＿＿＿、＿＿＿＿、＿＿＿＿。

10. CMY 色彩模型的三种基本颜色是：＿＿＿＿、＿＿＿＿、＿＿＿＿。

11．CMYK 四色印刷的四种颜色是：_____、_____、_____、_____。

12．图像的数字化过程分为三个步骤：_____、_____、_____。

13．作为一个图形系统，至少应具有五个方面的基本功能：_____、存储功能、_____、输出功能、_____。

14．按照处理方式的不同，视频分为两种：_____、数字视频。

15．世界上常用的电视制式有三种：_____、_____、SECAM 制。

16．如果用 Y：U：V 来表示 YUV 三分量的采样比例，则数字视频的采样格式分别有三种：_____、4：2：2、_____。

17．预测编码可分为两种类型：_____、_____。

18．常用的统计编码有三种：_____、_____和_____。

19．数码相机相比传统相机的三个主要优点：_____、影像品质永远不变、_____。

20．在网络多媒体应用方面，Macromedia 公司推出了网络多媒体制作三剑客，即三种软件：Dreamweaver、_____、_____。

21．流媒体数据流具有三个特点：_____、_____、_____。

22．使计算机具有"听懂"语音的能力，属于_____。

23．波形音频是指以声波表示的各种声音经过声音获取采样控制设备，又经 A/D 转换将模拟信号转换成数字信号，然后_____文件格式存储在硬盘上。

24．多媒体电子出版物是把多媒体信息经过精心组织、编辑后存储在光盘上的一种_____。

三、名词解释

1．MIDI　　　　2．声音的采样　　3．图像的颜色深度　　4．位图图像

5．CMYK　　　 6．视频　　　　　7．YUV 模型　　　　　8．计算机动画

9．无损压缩　　10．行程编码　　 11．MPEG　　　　　　12．多媒体网络

13．电子出版物

四、问答题

1．多媒体系统由哪几部分组成？

2．简述只读光盘记录信息的原理。

3．简述模拟音频的数字化过程。

4．简述声音信号能进行压缩编码的基本依据。

5．简述图像的采样。

6．简述图像的量化。

7．什么是图像的数字化？简要说明图像的数字化的过程。

8．简述图形与图像的区别。

9．简述视频与动画的区别。

五、计算题

1．计算一张 650 Mb 的光盘可以存放多少分钟的采样频率为 22.05 kHz、分辨率为 16

位、双声道录制的声音文件。(列出公式，并写出计算过程)

2．计算采样频率为 22.05 kHz，16 位字长，双声道的音频信号播放 1 分钟，所需占用存储器的容量为多少字节。(列出公式，并写出计算过程)

3．通常 17 寸显示器的分辨率设置为 1024×768，如果要求在这个显示器上显示的图像颜色要达到 256 种，那么这个计算机的显卡至少需要多大的显示内存？(列出公式，并写出计算过程)

4．若以 PAL 制式播放 640×480 分辨率的图像，每个像素用 256 色表示，则一小时的不压缩的数据量为多少 MB？(列出公式，并写出计算过程)

5．若以 NTSC 制式播放 640×480 分辨率的图像，每个像素用 256 色表示，则一小时的不压缩的数据量为多少 MB？(列出公式，并写出计算过程)

六、综合应用题

1．什么是声音的采样？

2．若原有声音信号的最高频率为 20 kHz，则采样频率至少应为多少？

3．什么是声音的量化？

4．若一个数字化声音的量化位数为 16，则能够表示的声音幅度等级是多少？

5．计算采样频率为 22.05 kHz，16 位字长，双声道的音频信号播放 1 分钟，在不采用压缩技术的情况下所需占用存储器的容量为多少字节。(要求列出公式，写出计算过程)

6．图像分辨率与显示分辨率有何区别？

7．有一幅分辨率为 320×240 的彩色图像，在显示器分辨率为 640×480 的屏幕上显示，这时图像在屏幕上的大小只占整个屏幕的多少？

8．一帧 640×480 分辨率的彩色图像，图像深度为 24 位，不经压缩，则一幅画面需要多少字节的存储空间？

9．问题 8 描述的图像中可以拥有的颜色有多少种？

10．按每秒播放 30 帧计算，问题 8 中所描述的图像播放一分钟需要多大存储空间？

11．一张容量为 650 MB 的光盘，在数据不压缩的情况下，能够播放多长时间？(要求列出公式，写出计算过程)

第二部分

实验指导篇

📖 本部分导读

➢ **Python 语言基础实验**

- 实验 1　Python 的基础练习
- 实验 2　Python 内置数据结构
- 实验 3　Python 的控制结构
- 实验 4　Python 函数

➢ **网络基础实验**

- 实验 5　　网络应用基础

➢ **MySQL 数据库基础实验**

- 实验 6　MySQL 基本操作

➢ **Office 基础操作**

- 实验 7　Word 文档编辑
- 实验 8　Excel 数据统计分析
- 实验 9　PowerPoint 演示文稿制作

Python 语言基础实验

实验 1　Python 的基础练习

Python 是一种面向对象的解释型计算机编程语言。Python 语言具有通用性、高效性、跨平台移植性和安全性，广泛应用于科学计算、自然语言处理、图形图像处理、游戏开发、Web 应用等方面。在全球范围内有众多的 Python 专业社群，其中有很多 Python 语言开发者。本次实验的内容是 Python 的基础练习。

一、实验内容

本实验内容如下：
- Python 的下载与安装；
- Python 的卸载；
- 熟悉 Python 程序的开发工具；
- 练习 Python 的运算符及表达式的使用；
- 掌握 Python 的基本输入/输出函数。

二、实验目标

本实验目标如下：
- 学会 Python 的下载与安装；
- 学会 Python 程序运行方式；
- 掌握 Python 编写规范(标识符命名规则、代码缩进、添加注释)；
- 掌握 input()函数和 print()函数的使用方法和注意事项；
- 掌握 Python 基本语法，包括运算符和表达式的求解。

三、实验环境

实验环境包括：
- Python3.x；
- PyCharm-community。

四、实验案例

1. Python3.x 的下载与安装
Python 3.x 的下载与安装的步骤如下：

(1) 进入 Python 官方网站(https://www.python.org/)，如图 S1-1 所示。进入下载页面，以 Python 3 开头的表示 Python 3.x 系列。选择合适的版本并进入该版本的下载页面。

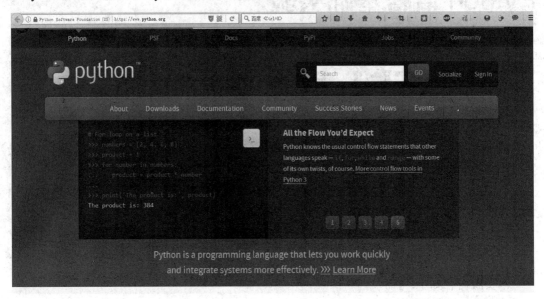

图 S1-1　Python 官网页面

(2) 在安装文件上右键单击，选择"以管理员身份运行"，进入如图 S1-2 所示的安装界面，此界面提供了两种安装方式：默认安装和自定义安装。在默认安装方式中，系统会将默认的功能安装到默认的位置；在自定义安装方式中，用户可以自行选择要安装的功能和安装的位置。

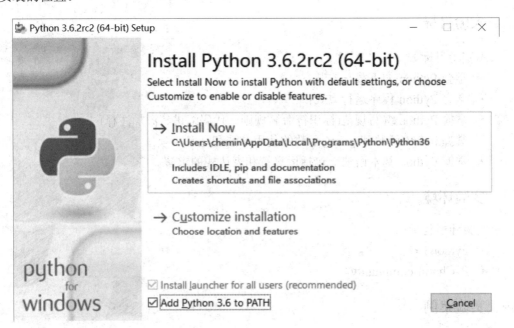

图 S1-2　Python3.6 安装界面

假设选择自定义安装，则进入如图 S1-3 所示的界面，在此界面中可以选择需要安装的功能。一般来说，保持默认位置即可，直接单击"Next"按钮，进入下一步。

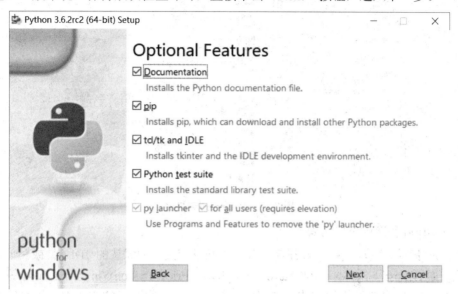

图 S1-3　Python3.6 自定义安装界面

进入如图 S1-4 所示的界面后，可以进行一些高级设置，另外，在此界面中，还可以选择安装路径，也就是安装的位置，如 D：\Programs\Python，注意在安装路径中不要出现中文和空格。设置好后单击"Install"按钮进行安装。

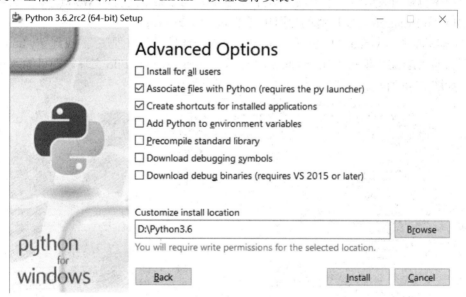

图 S1-4　安装界面

2．Python 的卸载

不同的操作系统其卸载界面不同，如图 S1-5 是在 Window 10"设置"下的"应用和功能"界面下卸载 Python 3.6。

图 S1-5　Python 卸载界面

3．Python 程序的开发工具

Python 集成开发环境中一般都会包含一些开发工具，如默认的 IDLE，或其他常用开发环境，如 Eclipse + PyDev、PyCharm、wingIDE、Eric、PythonWin、Anaconda 等。

Python 程序有两种执行方式：交互式和脚本式。在交互式的方式中，用户输入一条 Python 语句，解释器随即执行一条语句；在脚本式的方式中，用户先把包含多条 Python 语句的程序写到 .py 格式的文件中，解释器再一次性地执行程序中的所有语句。

下面以一个简单的"Hello World"程序为例，介绍 IDLE 和 PyCharm 开发工具的使用。该程序包含两条语句，第 1 条语句打印 Hello，第 2 条语句打印 World。

IDLE 和 Pycharm 开发环境的使用包括以下三部分内容：

(1) 启动。在 Python 中，打开"开始"菜单，选择"所有程序"，找到 Python 3.6，单击下面的"IDLE"即可。在 PyCharm 中，新建一个 Python File 文件，即可输入相应的代码，如图 S1-6 所示。

图 S1-6　在 PyCharm 环境中运行程序

(2) 交互式。如图 S1-7 所示，在启动 IDLE 之后，就可以在提示符 ">>>" 之后输入 Python 语句。此时为交互式执行方式，输入一条语句并回车后，解释器就会执行该语句，输出相应的结果。

图 S1-7　IDLE 中的交互式执行方式

(3) 脚本式。在脚本式的方式中，程序被保存在.py 格式的文件(即文件后缀名为 py)中。首先新建一个 .py 格式的文件，方法是单击 IDLE 菜单栏中的 "File" 并选择下面的 "New File"，也可以通过 "File" 下的 "Open" 打开一个已经存在的 .py 格式的文件。

如图 S1-8 所示，在新建的 .py 格式的文件中，完成 Python 程序。完成后进行保存。保存时可能提示选择保存的位置并要求给 .py 格式的文件命名。根据情况选择保存位置并进行命名即可。

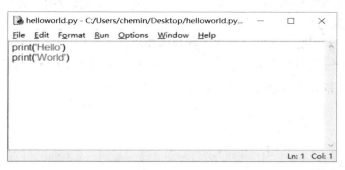

图 S1-8　编辑 helloworld.py 文件

保存 .py 格式的文件后，就可以运行该文件中的程序了，方法是使用 "Run" 菜单下的 "Run Module" 命令，此时程序会依次执行 .py 格式的文件中的每条语句，并在 IDLE 窗口中打印结果，图 S1-8 所示的.py 格式的文件的运行结果如图 S1-9 所示。

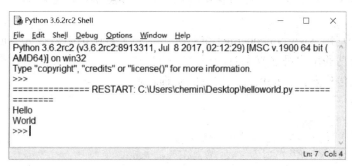

图 S1-9　helloworld.py 文件的执行结果

4．Python 的运算符及表达式

1) 基本运算符及表达式求值练习

(1) 算术运算符：+、– 、*、/、//、%、**。

(2) 关系运算符：>、>=、<、<=、==、!=。

(3) 逻辑运算符：and、or、not。

注意：and 和 or 具有**短路求值和惰性求值**的特点，**只计算必须计算的表达式**的值。

2) 练习要点

主要练习基本运算符的运算规则，以及由运算符所组成表达式的求值。

5．Python 的基本输入/输出函数

1) 所涉及的函数

本实验要求大家熟练掌握 Python 语言的输出函数 print()、输入函数 input()、函数 eval()(直接将 input 读入的输入转换为适当类型的对象)以及使用数学标准函数的方法。

2) 案例描述

(1) 输入边长分别为 3、4、5 的三角形，请输出此三角形的面积和周长。

(2) 输入一个三位自然数，计算并输出其百位、十位和个位上的数字。

3) 操作要点

(1) 掌握如何利用 input 函数输入数据，由于 input 函数接收的值为字符串，因此要掌握如何将字符转换为数字。

(2) 掌握如何利用数学标准函数来添加数学模块。

(3) 会把一个三位数分离出个位、十位、百位数，这就涉及算术运算符的合理应用。

(4) 掌握结果按要求输出时，print 函数的使用方法。

五、实验任务

本实验任务包括：

(1) 完成运算符的基本练习。

(2) 完成上面"5.Python 的基本输入/输出函数"中的案例。

(3) 提交所有案例源代码作业至智慧课堂。

(4) 总结运算符使用规则及输入/输出函数的使用注意事项，并以电子文件的形式上传至智慧课堂。

注：智慧课堂由 www.educoder.net 平台提供，此平台由国防科技大学创建，在此平台上，每位申请成功的用户可建立私有的或公开的智慧课堂，智慧课堂支持教师上传课程资源，支持学生上传作业，并提供程序调试的实训环境。

实验 2　Python 内置数据结构

Python 中常用的序列结构有列表、元组、字典、字符串、集合等。从是否有序的角度看，Python 序列可以分为有序序列和无序序列；从是否可变的角度看，Python 序列则可以分为可变序列和不可变序列两大类。有序序列有列表、元组和字符串。无序序列有字典和集合。可变序列有列表、字典、集合。不可变序列有元组和字符串。本实验的内容是 Python 的序列结构中的字符串、列表、元组和字典。

一、实验内容

本实验内容如下：
- 练习字符串的常用操作；
- 练习列表的常用操作；
- 练习元组的常用操作；
- 练习字典的常用操作。

二、实验目标

本实验目标如下：
- 掌握字符串的常用操作；
- 掌握列表的常用操作；
- 掌握元组的常用操作；
- 学会字典的使用。

三、实验环境

实验环境包括：
- Python 3.x；
- PyCharm-community。

四、实验案例

1．字符串

用单引号、双引号或三引号括起来的符号系列称为字符串。单引号、双引号、三单引号、三双引号可以互相嵌套，用来表示复杂字符串。例如：

　　'abc'、'123'、'中国'、"Python"、""Tom said, "Let's go""""

空串表示为' '或" "。三引号'''或"""表示的字符串可以换行，支持排版较为复杂的字符串。三引号还可以在程序中表示较长的注释。Python 3.x 全面支持中文，中文和英文字符都作为一个字符对待，甚至可以使用中文作为变量名。

1) 字符串的常用操作

字符串合并，通过"+"运算符来实现。例如：

>>> 'abcd' + '1234'　　#连接两个字符串

上面程序的输出结果是'abcd1234'。

2) 常用的字符串内置函数和方法

函数是直接调用的，方法是通过对象"."运算符调用的。

(1) 适用于字符串对象的内置函数。统计字符串长度的函数是 len()，将数字对象、列表对象、元组转换成字符串的函数是 str()。例如：

>>> x='Hello world'

>>> len(x)

上面程序的输出结果是 11。

>>> str(1+2)

上面程序的输出结果是 '3'。

(2) 适用于字符串对象的常用方法。find()方法可以查找字符子串在原字符串中首次出现的位置，如果没有找到，则返回 −1。split()方法可以按指定的分隔符将字符串拆分成多个字符子串，返回值为列表。例如：

>>> a="ABCDE12345"

>>> a.find("CD")

上面程序的输出结果是 2。

>>> s="AB,CD,123,xyz"

>>> s.split(sep=',')

上面程序的输出结果是['AB', 'CD', '123', 'xyz']。

2. 列表

列表是 Python 中内置的有序可变序列，列表的所有元素都放在一对中括号"[]"中，元素之间使用逗号分隔开。

1) 列表的定义与列表元素

(1) 列表的定义：

列表名=[元素 0, 元素 1, …, 元素 n]

例如：

a1=[ ]

a2=[1, 2, 3]

a3=['red', 'green', 'blue']

a4=[5, 'blue', [3, 4]]

(2) 列表中元素的访问。需要访问列表中的元素时可采用的形式为"列表名[下标]"。第一个元素的下标为 0，后面的下标值依次递加。

2) 列表的操作方法

(1) 添加元素的方法如下:

- 在列表末尾添加元素是用 append()方法来实现的。例如:

```
>>> lst=[0, 1, 2, 3]
>>> lst.append(4)
>>> lst
```

上面程序的输出结果是[0, 1, 2, 3, 4]。

- 将另一个列表的元素添加到本列表之后是用 extend()方法来实现的。例如:

```
>>> a=[1, 2, 3]
>>> b=['x', 'y']
>>> a.extend(b)
>>> a
```

上面程序的输出结果是[1, 2, 3, 'x', 'y']。

- 将元素插入到列表中指定的某个位置是用 insert()方法来实现的,格式为 insert(下标位置, 插入的元素)。例如:

```
>>> lst=[1, 2, 3]
>>> lst.insert(2, 'x')
>>> lst
```

上面程序的输出果是[1, 2, 'x', 3]。

(2) 删除元素。

- 用 del 命令可删除列表中指定下标的元素。例如:

```
>>> lst=[1, 2, 3]
>>> del lst[1]
>>> lst
```

上面程序的输出结果是[1, 3]。

- 用 pop()方法可删除列表中指定下标的元素。例如:

```
>>> lst=['x', 'y', 'z']
>>> lst.pop(1)
```

上面程序的输出结果是'y'。

```
>>> lst
```

上面程序的输出结果是['x', 'z']。

- 用 remove(x)方法可删除列表中所有值为"x"的元素。例如:

```
>>> a=[0, 1, 2, 3]
>>> a.remove(2)
>>> a
```

上面程序的输出结果是[0, 1, 3]。

(3) 查找元素的位置。用 index()函数可以确定元素在列表中的位置。例如:

```
>>> lst=['red', 'green', 'blue']
>>> lst.index('blue')
```

上面程序的输出结果是 2。

(4) 清空列表。用 clear()函数可以清空列表中的元素。例如：

>>> lst=[0, 1, 2, 3]

>>> a.clear()

>>> a

上面程序的输出结果是[]。

3) 内置函数对列表的操作

除了列表对象自身的方法之外，Python 内置函数也可以对列表进行操作。

max()函数、min()函数分别用于返回列表中所有元素的最大值和最小值。sum()函数用于返回列表中所有元素之和。len()函数用于返回列表中元素的个数。all()函数用来测试是否列表中的所有元素都等价于 true。any()函数用来测试列表中是否有等价于 true 的元素。例如：

>>> x=[0, 6, 10, 9, 8, 7, 4, 5, 2, 1, 3]

>>> all(x)

上面程序的输出结果是 False。

>>> any(x)

上面程序的输出结果是 True。

>>> max(x)

上面程序的输出结果是 10。

>>> min(x)

上面程序的输出结果是 0。

>>> sum(x)

上面程序的输出结果是 55。

>>> len(x)

上面程序的输出结果是 11。

4) 切片操作

切片是 Python 序列的重要操作之一，除了适用于列表之外，还适用于元组、字符串、range 对象，但列表的切片操作的功能最强大。可以使用切片来截取列表中的任何部分，然后返回得到一个新列表。在形式上，切片使用 2 个冒号分隔的 3 个数字来完成。形式如下：

[start:end:step]

其中，3 个数字的含义是：第一个数字 start 表示切片开始的位置，默认为 0；第二个数字 end 表示切片结束(但不包含)的位置；第三个数字 step 表示切片的步长(默认为 1)。

(1) 使用切片获取列表中的部分元素。例如：

>>> alist=[3, 4, 5, 6, 7, 9, 11, 13, 15, 17]

>>> alist[::]　　　　　　　　#返回包含原列表中所有元素的新列表

上面程序的输出结果是[3, 4, 5, 6, 7, 9, 11, 13, 15, 17]。

>>> alist[::-1]　　　　　　　#返回包含原列表中所有元素的逆序列表

上面程序的输出结果是[17, 15, 13, 11, 9, 7, 6, 5, 4, 3]。

```
>>> alist[::2]              #隔一个元素取一个元素，获取偶数位置的元素
```

上面程序的输出结果是[3, 5, 7, 11, 15]。

```
>>> alist[1::2]            #隔一个元素取一个元素，获取奇数位置的元素
```

上面程序的输出结果是[4, 6, 9, 13, 17]。

```
>>> alist[3:6]             #指定切片的开始和结束位置
```

上面程序的输出结果是[6, 7, 9]。

(2) 使用切片为列表增加元素。例如：

```
>>> alist=[3,5,7]
>>> alist[len(alist):]=[9]        #在列表尾部增加元素
>>> alist[:0]=[1,2]               #在列表头部插入多个元素
>>> alist[3:3]=[4]                #在列表中间位置插入元素
>>> alist
```

上面程序的输出结果是[1, 2, 3, 4, 5, 7, 9]。

(3) 使用切片替换并修改列表中的元素。例如：

```
>>> alist=[3,5,7,9]
>>> alist[:3]=[1,2,3]             #替换列表元素，等号两边的列表长度相等
>>> alist
```

上面程序的输出结果是[1, 2, 3, 9]。

```
>>> alist[3:]=[4,5,6]             #切片连续，等号两边的列表长度可以不相等
>>> alist
```

上面程序的输出结果是[1, 2, 3, 4, 5, 6]。

```
>>> alist[::2]=[0]*3              #隔一个元素，修改一个元素
>>> alist
```

上面程序的输出结果是[0, 2, 0, 4, 0, 6]。

(4) 使用切片删除列表中的元素。例如：

```
>>> alist=[3,5,7,9]               #删除列表中的前 3 个元素
>>> alist[:3]=[]
>>> alist
```

上面程序的输出结果是[9]。

3．元组

元组是不可变的元素序列，元组一旦创建，就不能添加或删除元素，元素的值也不能修改。

1) 元组的创建

用一对圆括号创建元组。例如：

```
>>> a=(1, 2, 3)
>>> a
```

上面程序的输出结果是(1, 2, 3)。

2) 元组的删除

只能用 del 命令删除整个元组，而不能仅删除元组中的部分元素，因为元组是不可变的。例如：

>>> a=(1, 2, 3)

>>> del a

>>> a

上面程序的输出结果如下：

Traceback (most recent call last):

  File "<pyshell#12>", line 1, in <module>

    a

NameError: name 'a' is not defined   #显示"元组 a 没有定义"的错误提示

4．字典

Python 的字典是一种包含多个元素的可变数据类型，其元素由"键：值"对组成，即每个元素包含"键"和"值"两部分。

字典是无序可变序列。定义字典时，每个元素的键和值用冒号分隔，元素之间用逗号分隔，所有的元素放在一对大括号"{ }"中。字典中的键可以为任意不可变数据，比如整数、实数、复数、字符串、元组等。

5．典型案例

(1) 编写程序，判断用户输入的 8 位信用卡号码是否合法。信用卡号是否合法的判断规则如下：

① 对给定的 8 位信用卡号码，如 43589795，从最右边的数字开始，隔一位取一个数相加，如 5 + 7 + 8 + 3 = 23。

② 将卡号中未出现的①中的每个数字乘 2，然后将相乘结果的每位数字相加。例如，对上述例子，未出现在①中的数字乘 2 后分别为(从右至左)18、18、10、8，然后将相乘结果的每位数字相加为 1 + 8 + 1 + 8 + 1 + 0 + 8 = 27。

③ 将上述两步得到的值相加，如果结果的个位为 0，则输入的信用卡号是有效的。

要求：用户输入的卡号必须是一次性输入，不能分成 8 次，每次读一个数字。

(2) 编写程序，打印如图 S2-1 所示的杨辉三角的前 6 行。

```
        1
      1   1
    1   2   1
  1   3   3   1
1   4   6   4   1
1   5  10  10   5   1
```

图 S2-1 杨辉三角

五、实验任务

本实验任务包括：

(1) 上机调试验证如何使用字符串、列表、元组、字典的数据类型。

(2) 编写"5．典型案例"的程序，并上机调试运行，查看结果。

(3) 提交"5．典型案例"程序源代码至智慧课堂。

(4) 总结 Python 常用序列数据类型的特点和常用方法，并以电子文件的形式上传至智慧课堂。

实验 3　Python 的控制结构

有了合适的数据类型和数据结构之后，就需要依赖选择和循环结构来实现特定的逻辑控制。一个完整的选择结构或循环结构可以看作一个大"语句"。程序中的多条"语句"是顺序执行的。本次实验的内容是 Python 的控制结构。

一、实验内容

本实验内容如下：
- 练习单分支结构的使用；
- 练习双分支结构的使用；
- 练习多分支结构的使用；
- 练习选择结构嵌套的使用；
- 练习 while 循环的使用；
- 练习 for 循环的使用；
- 练习循环嵌套的使用；
- 练习 break 和 continue 语句的使用。

二、实验目标

本实验目标如下：
- 掌握 if 语句的三种形式；
- 掌握选择结构嵌套逻辑执行；
- 掌握 while 循环语句的使用方法；
- 掌握 for 语句的使用方法；
- 掌握循环嵌套的执行过程，以及 break 和 continue 语句的使用方法。

三、实验环境

实验环境包括：
- Python 3.x；
- PyCharm-community。

四、实验案例

1. 单分支结构

(1) 从键盘任意输入两个整数，按照从小到大的顺序依次输出这两个数。

分析：从键盘输入的两个数 a、b，如果 a < b，则本身就是从小到大排列的，可以直接输出；但如果 a > b，则需要交换两个变量的值。算法流程如图 S3-1 所示。

程序代码如下：

```
print('输入第一个数')
a=eval(input())
print('输入第二个数')
b=eval(input())
print("排序前：", a, b)
if a>b:
    a, b=b, a
print("排序后：", a, b)
```

运行程序查看结果。

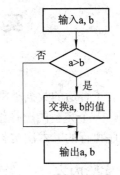

图 S3-1 按从小到大输出两数

(2) 对给定的三个数，求最大数的平方。

提示：设变量 max 存放最大数，首先将第一个数 a 放入变量 max 中，再将 max 与其他数逐一比较，较大的数存放到 max 中，当所有数都比较结束之后，max 中存放的一定是最大数。

编写源程序，查看运行结果。

2．双分支结构

双分支结构的语法格式如下：

```
if 表达式：
    语句块 1
else：
    语句块 2
```

从键盘输入分数，如果分数大于 60，则输出"及格"；否则，输出"不及格"。

编写源程序，查看运行结果。

3．多分支结构

处理多种条件问题时，使用多分支结构，其语法格式如下：

```
if 表达式 1：
    语句块 1
elif 表达式 2：
    语句块 2
elif 表达式 3：
    语句块 3
else：
    语句块 4
```

从键盘输入百分制分数，将百分制转换为 5 级记分制。分数大于等于 90 时，输出 5；分数大于等于 80，输出 4；分数大于等于 70 时，输出 3；分数大于等于 60 时，输出 2；

分数小于 60 时，输出 1。

编写源程序，查看运行结果。

4．选择结构嵌套

复杂的选择结构可以通过嵌套形式实现，其语法如下：

> if　表达式 1:
>> 语句块 1
>> if　表达式 2:
>>> 语句块 2
>> else:
>>> 语句块 3
> else:
>> if　表达式 4:
>>> 语句块 4

注意：对于选择结构的嵌套，缩进必须要正确并且一致。

5．while 循环

while 循环一般用于循环次数难以提前确定的情况，也可以用于循环次数确定的情况。其语句结构如下：

> while　循环条件:
>> 循环体语句块

while 语句的执行过程：首先判断循环条件是否为 true，若循环条件为 true，则执行循环体中的语句；若为 false，则终止循环。

6．for 循环

for 循环一般用于循环次数可以提前确定的情况，尤其是用于枚举序列或迭代对象中的元素。其语法结构如下：

> for　循环变量　in　序列或迭代对象:
>> 循环体语句块

循环案例实现：

(1) 输出 1 + 2 + 3 + ⋯ + 100 的值。(采用 while、for 语句编程实现)

(2) 求 1～100 之间能被 7 整除，但不能同时被 5 整除的所有整数。

(3) 输入整数 m，判断其是否为素数，是素数输出 "yes"，不是素数输出 "no"。

编写源程序，查看运行结果。

7．循环嵌套

在一个循环内包含另一个完整的循环，称为循环嵌套。循环嵌套运行时，外循环每执行一次，内循环需要执行一个周期。

(1) 应用循环嵌套，编写九九乘法表。

分析：用双重循环控制输出，用外循环变量 i 控制行数，i 的取值范围是 1～9。内循环变量 j 控制列数，由于 i*j=j*i，故内循环变量 j 为 1～i。外循环变量 i 每执行一次，内循环变量 j 执行 i 次。

程序代码如下，请补全程序。

```
for i in range(1, 10):
    for j in range (1,_____):
        print(i, '*', j, '=', i*j, end=_____)
    print(' ')
```

(2) 应用循环嵌套，打印出由"*"组成的如图 S3-2 所示的三种图形。

```
*               *            *
**              ***          ***
***             *****        *****
****            *******      ***
*****           *********     *
```

图 S3-2　字符图形

编写程序，完成上面(1)和(2)，查看运行结果。

8．break 和 continue 语句

break 和 continue 语句在 while 循环和 for 循环中都可以使用，一旦 break 语句被执行，将终止 break 语句所属层次的循环；continue 语句的作用是提前结束本次循环，忽略 continue 之后的所有语句，提前进入下一次循环。

(1) 输出 100 以内最大的素数。

分析：要判定数 m 是否为素数，首先需要判定 m%i 的结果是否为 0，i 的取值范围是 2～m−1，i 的取值需要一个循环结构。而 100 以内找最大的素数，也需要一个循环结构，从 99 开始判断是否为素数，第一个找到的素数即为 100 以内的最大素数，所以此问题同样需要循环嵌套。

程序代码如下，请补充完整。

```
for n in range(100, 1, -1):
    for i in range(2, _____):
        if n%i==0:
            _____
    else:
        print(n)
        break
```

注意：for 循环语句和 while 循环语句可以有 else 子句。执行 else 子句是在 for 或 while 循环正常结束后，顺序执行的。

(2) 输出 100 以内所有的素数。

提示：此问题可在(1)的基础上进行修改。

编写程序，完成上面(1)和(2)，查看运行结果。

五、实验任务

本实验任务包括：

(1) 上机调试 if 语句部分的所有案例。

(2) 上机调试循环部分的所有案例。

(3) 提交所有案例源代码作业至智慧课堂。

(4) 总结 if 语句、for 循环及 while 循环的执行过程和使用注意事项，并以电子文件的形式上传至智慧课堂。

实验 4　Python 函数

函数是实现某种特定功能的若干语句的组合。本章主要练习函数的定义和调用。

一、实验内容

本实验内容如下：
- 练习函数的定义；
- 练习函数的调用；
- 练习全局变量和局部变量的使用；
- 练习函数的递归调用；
- 典型案例练习。

二、实验目标

本实验目标如下：
- 掌握函数的定义；
- 掌握函数的调用；
- 理解局部变量和全局变量的使用；
- 掌握函数嵌套调用的执行过程；
- 掌握函数递归调用的执行过程。

三、实验环境

实验环境包括：
- Python3.x；
- PyCharm-community。

四、实验案例

1. 函数的定义
函数由关键字 def 来定义，一般形式如下：
```
def  函数名(参数列表):
        函数体
        return    (返回值)
```
参数列表可以为空。当有多个参数时，参数之间用逗号 "," 分隔。当函数无返回值时，可以省略 return 语句。

注意：函数体相对于关键字 def 必须保持一定的空格缩进。

例如，创建一个名为 sum( )的函数，其作用为计算 n 以内的所有整数之和(包含 n)。

下面是 sum()函数的程序段：

```
def  sum(n):
    s=0
    for  i  in  range(1, n+1):
        s=s+i
    return  s
```

实验案例：编写函数用来计算斐波那契数列中小于参数 n 的所有值。(补全下面的程序)

```
def  fib(n):
    a, b=1, 1
    while a<____:
        print(a, end=' ')
    a,b=_____, _____
    print()
```

2．函数的调用

在 Python 中直接使用函数名调用函数，如果定义的函数包含参数，则调用函数时也必须有参数。例如，调用上面的斐波那契数列函数的形式可以如下：

```
fib(100)        #调用函数，括号内的 100 是实参
```

实验案例：

(1) 编写求和函数，利用函数计算 1～100 所有整数的和。

(2) 编写求两个正整数的最大公约数的函数，利用函数计算 15 和 9 的最大公约数。

编写源程序，查看运行结果。

3．全局变量和局部变量

在函数体内定义的变量或函数参数称为局部变量，该变量只在该函数内部有效。在函数体外定义的变量称为全局变量，全局变量在变量定义后的代码中都有效。当全局变量与局部变量同名时，则在定义局部变量的函数中，全局变量被屏蔽，只有局部变量有效。

全局变量在使用前要先用关键字 global 声明。

举例：全局变量与局部变量同名的示例。

程序代码如下：

```
global x
x=10                        #全局变量 x 先声明，后赋值
def fun( ):
    x=30                    #局部变量 x
    print("局部变量 x=", x)    #显示局部变量 x
fun()
print("全局变量  x=", x)      #显示全局变量 x
```

运行程序，查看输出结果。

4．函数的递归调用

编写计算 n!的函数。

n! 是以递归形式定义的：

$$n!=\begin{cases}1 & (n=1)\\ n(n-1)! & (n>1)\end{cases}$$

计算"n!"，应先计算"(n–1)!"，所以需要先计算"(n–2)!"，依次递推，直到最后变成计算 1! 的问题。

根据公式，1! = 1 是本问题的递归终止条件。由终止条件得到 1!的结果后，再反过来依次计算出 2!, 3!, …, n!。

假设计算 n!的函数为 fun(n)，当 n > 1 时，fun(n) = n*fun(n–1)，即在 fun(n)函数体内将递归调用 fun()自身，程序代码如下：

```
def  fun(n):
    if  n==1:
        return 1
    else:
        return n*fun(n-1)
```

编写程序调用递归函数，计算输出 10!的值。

5．典型案例练习

(1) 编写函数，接收字符串参数，返回一个元组，其中第一个元素为大写字母的个数，第二个元素为小写字母的个数。

提示：

· 判定变量 ch 是否为字母的表达式：小写字母的判定方式是 'a'<=ch<='z'；大写字母的判定方式是 'A'<=ch<='Z'。

· 生成元组的函数 tuple()。

调用函数，分别统计出字符串"abc123SDFRE"中大、小写字母的个数。

(2) 编写函数，接收整数参数 t，返回斐波那契数列中大于 t 的第一个数。

提示：斐波那契数列为 1，1，2，3，5，8，13……其规律是从第三项起，每项的值等于其前两项之和。

调用函数，当参数 t=50，返回斐波那契数列中大于 50 的第一个数。

(3) 编写函数，接收两个正整数作为参数，返回一个元组，其中第一个元素为最大公约数，第二个元素为最小公倍数。

提示：

· 求两个整数的最大公约数可采用辗转相除法。

· 两个整数的最小公倍数等于两个整数相乘除以两个整数的最大公约数。

调用函数，计算 15 和 9 两个整数的最大公约数和最小公倍数。

五、实验任务

本实验任务包括：

(1) 编写程序，并上机调试函数的定义、函数的调用所涉及的案例。

(2) 上机练习局部变量和全局变量的参考案例。

(3) 上机调试函数递归调用的参考案例。

(4) 提交所有案例源代码作业至智慧课堂。

(5) 总结函数定义的方法、函数调用的注意事项、变量作用域的概念、递归函数调用的执行过程，并以电子文件的形式上传至智慧课堂。

网络基础实验

实验 5　网络应用基础

本章实验主要练习常用的网络测试命令，以及利用 Python 语言进行网络编程并测试网络间的通信。

一、实验内容

本实验内容如下：

- 练习网络常用测试命令 ipconfig、ping、tracert、netstat 的使用；
- 用 Python 实现 TCP/IP 网络编程。

二、实验目的

本实验目的如下：

- 掌握局域网测试命令的使用；
- 掌握套接字的使用方法；
- 掌握 TCP/IP 协议的编程实现方法。

三、实验环境

本实验的操作均以互联网环境为例进行说明，实际操作时，应根据网络环境的不同作出相应的调整，并会看到不同的显示结果。

四、实验案例

1. 网络常用测试命令 ipconfig、ping、tracert、netstat 的使用

1) 测试命令 ipconfig 的使用

(1) 打开命令提示符窗口。

(2) 在命令提示符窗口中输入"ipconfig"命令后，回车。

(3) 得到如图 S5-1 所示的命令提示符窗口 1。

(4) 从结果可以看出：本机 IP 地址为 222.19.205.141，本机所用子网掩码为 255.255.255.0，本机所用的内网网关为 222.19.205.1。

(5) 从结果还能看出本机所在的网络为 C 类以太网。

(6) 接下来在命令提示符窗口中输入"ipconfig/all"。

图 S5-1　命令提示符窗口 1

(7) 得到如图 S5-2 所示的命令提示符窗口 2。

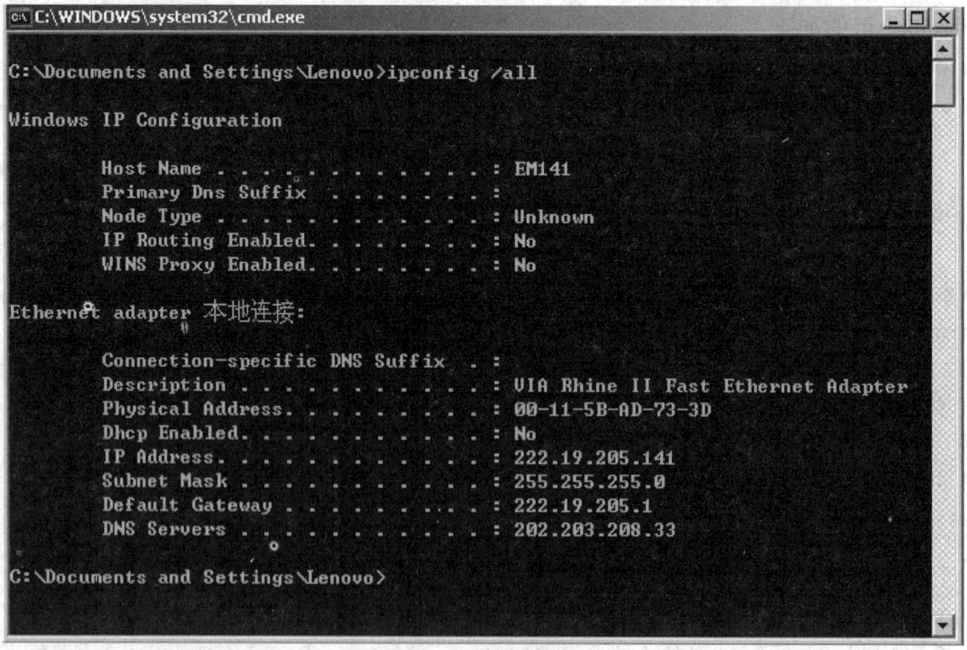

图 S5-2　命令提示符窗口 2

(8) 从带参的命令结果中可以看出：Host Name 即主机名为 EM141，Description 即网卡芯片厂商为威胜(VIA)，Physical Address 即网卡的物理地址为 00-11-5B-AD-73-3D，而本机所连接的 DNS 服务器(域名解析服务器)IP 地址为 202.203.208.33。

2) 网络常用测试命令 ping 的使用

(1) 在命令提示符窗口中输入"ping 127.0.0.1"命令，得到如图 S5-3 所示的命令提示符窗口 3。

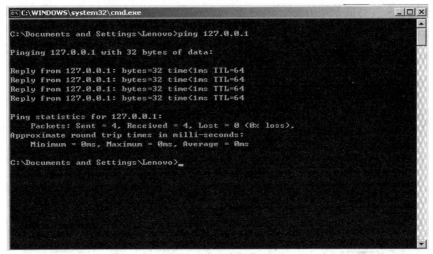

图 S5-3　命令提示符窗口 3

(2) 这条命令的作用是测试本机网卡是否正常，从结果可以看出本机网卡工作正常。

(3) 接着在命令提示符窗口中输入"ping www.sina.com.cn"命令，得到如图 S5-4 所示的命令提示符窗口 4。

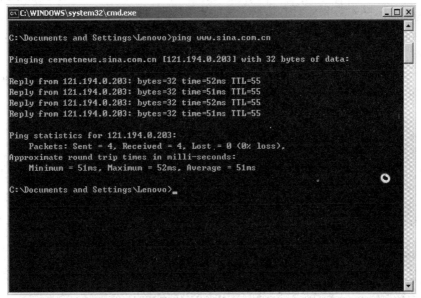

图 S5-4　命令提示符窗口 4

(4) 这条命令是用来测试本网络和外网连接是否正常，测试的网站是新浪网，从结果可以看出新浪网的 IP 地址是 121.194.0.203，在连接中共进行了 4 次连接尝试，4 次连接均成功，并且每次连接测试传送了 32 bytes 的数据包，延时(time)分别是 52 ms 和 51 ms，从 TTL(数据包在计算机网络中存在的时间)值可以基本判断这是一台 Linux 的操作系统。

(5) ping 命令的含义是 ping 可以测试计算机名和计算机的 IP 地址，验证与远程计算机的连接是否正常，可以判断是本机的网络或网卡出问题了，还是网关或远程的某台服务器或计算机的网络出问题了。

3) 局域网常用测试命令 tracert 的使用

(1) 在命令提示符窗口中输入"tracert 121.194.0.203"命令，得到如图 S5-5 所示的命令提示符窗口 5。

图 S5-5　命令提示符窗口 5

(2) 这条命令的含义是测试从本机到新浪网经过了多少路由器，从结果可以看出，在数据传送过程中，经过了 10 台路由器，数据到达新浪网，其中经过第 7 个路由器的时候有拥塞情况，所以出现了丢包现象。

(3) 然后在命令提示符窗口中输入"tracert 121.194.0.203"命令并加上参数 -d，得到如图 S5-6 所示的命令提示符窗口 6。

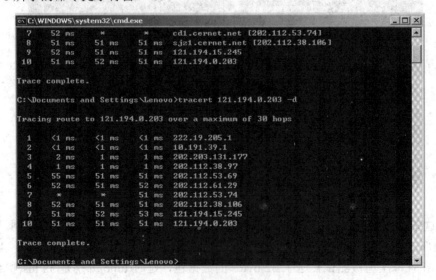

图 S5-6　命令提示符窗口 6

(4) 加上 -d 参数后，和图 S5-5 中的结果比较可以看出，路由器的 IP 地址所属的主机名不见了，所以这个参数的作用就是检查所经过的路由器而不解析主机名。

(5) tracert 命令的含义是用于确定 IP 数据包访问目标所经过的路径。

4) 局域网常用测试命令 netstat 的使用

(1) 在命令提示符窗口中输入"netstat"命令，得到如图 S5-7 所示的命令提示符窗口 7。

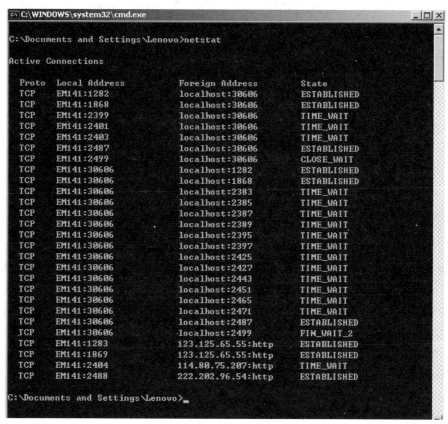

图 S5-7　命令提示符窗口 7

(2) 从结果可以看出本机所监听的网络端口和主机名(Local Address)，以及端口所用的网络协议为 TCP/IP(Proto)，还可以看出本机所连接的网络服务器及其所开放的端口(Foreign Address)，以及本机端口的监听状态(State)。

2. 用 Python 实现 TCP/IP 网络编程

1) 认识套接字(Socket)

Socket 的本质是网络编程接口，它是对 TCP/IP 的封装，它为程序员提供了网络编程开发所用的接口(如图 S5-8 所示)。Socket 用于描述 IP 地址和端口，实现不同虚拟机或不同计算机之间的通信。在 Internet 上的主机运行多个服务，每种服务打开一个 Socket 端口，不同的端口对应于不同的服务。Socket 套接字是应用层与 TCP/IP 协议簇通信的中间软件抽象层，它是一组接口。Socket 把复杂的 TCP/IP 协议隐藏在 Socket 接口后面，对用户而言，一组简单的接口就是全部，方便编程实现。

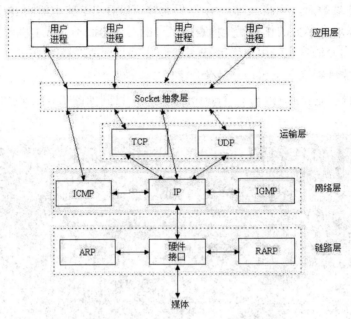

图 S5-8　套接字在协议栈中的位置

2) 套接字使用流程

参与网络计算机之间数据传输和共享的计算机进程，通常采用"IP 地址＋协议＋端口号"的形式进行网络连接和标识，因此，在使用 Socket 套接字建立连接时，必须指定 IP 地址、协议、端口号。具体过程可以概括如下：

第一步：服务器端初始化 Socket，指定连接协议，绑定相应端口，对端口进行监听，根据具体协议确定是否进行阻塞，等待客户端连接；

第二步：客户端初始化 Socket，指定连接协议，向客户端 IP 发送连接请求，若连接成功，则此时客户端与服务器端的连接就建立了；

第三步：客户端发送数据请求，服务器端接受请求并处理请求，然后将回应数据发送给客户端，客户端进行相应解析；

第四步：完成交互，关闭连接。

3) 常用套接字模块

常用套接字模块如下：

(1) socket(family,type)：创建并返回一个套接字，网络程序在开始通信前必须创建套接字。通常 socket(AF_INET, SOCK_STREAM)表示创建 TCP 套接字，socket(AF_INET, SOCK_DGRAM)表示创建 UDP 套接字，其中 AF 是地址家族的缩写，SOCK_STREAM 表示面向连接的通信，SOCK_DGRAM 表示面向无连接通信。

(2) bind()：用于绑定地址(主机名，端口号)到套接字，合法端口范围为 0～65 535，其中小于 1024 的端口是为系统保留的，其余均可使用。

(3) listen()：开始 TCP 监听，参数表示最大允许接入连接数量，超出数量被拒绝。

(4) accept()：阻塞式接收连接方式，返回(conn，address)，其中 conn 表示新的套接字对象，用于收发信息，address 是另一个连接端的地址。

(5) connet()：用于客户端连接服务器的请求。

(6) recv(bufsize[, flags])：接收 TCP 数据，其中 bufsize 表示接收数据的最大字节数，flags 表示提供有关消息的标志，可忽略。

(7) send()和 sendall()：发送 TCP 数据。

(8) recvfrom(bufsize[, flags])：接收 UDP 数据，返回(data，address)，data 是接收数据字符串，address 是发送数据的套接字地址。

(9) sendto(string[, flags], address)：发送 UDP 数据，address 形式为元组，指定远程地址。

4) 面向连接的通信——TCP

服务器端和客户端编程模型如图 S5-9 所示。

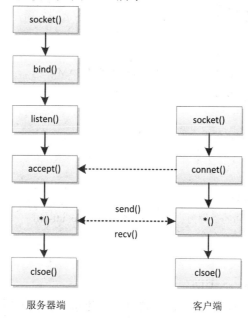

图 S5-9　服务器端和客户端编程模型

　　TCP 协议是面向连接的通信，在客户端向服务器端申请连接的过程中，需要进行三次握手来完成连接的建立。

　　服务器端示例代码如下：

```
import time, socket, threading
def tcplink(sock, addr):
    print('接受来自%s:%s 的连接.' % addr)
    while True:
        data = sock.recv(1024)
        print('客户端发来数据为', data.decode('utf-8'))
        if data.decode('utf-8') == 'quit' or not data:
            break
        sock.send(data.decode('utf-8').upper().encode())
    sock.close()
```

```
        print('关闭与%s:%s 的连接.' % addr)
s = socket.socket(socket.AF_INET, socket.SOCK_STREAM)
s.bind(('127.0.0.1', 9999))
s.listen(5)
print('服务器正在运行中...')
while True:
        sock, addr = s.accept()
        tcplink(sock, addr)
```

其中 127.0.0.1 为本实验测试所用的 IP 地址，在真实网络环境实现时，需要根据具体的网络 IP 进行修改。9999 为端口号。

客户端示例代码如下：

```
import socket
s = socket.socket(socket.AF_INET, socket.SOCK_STREAM)
s.connect(('127.0.0.1', 9999))
while True:
        data = input('请输入要发送的数据：')
        if data == 'quit':
            break;
        s.send(data.encode())
        print('服务器返回的数据为：', s.recv(1024).decode('utf-8'))
s.send(b'quit')
s.close()
```

5) 面向无连接的通信——UDP

基于 UDP 协议的通信过程，不需要建立可靠连接，直接向目标发送数据即可，通信结束后，也不需要关闭连接。UDP 服务器端和客户端编程模型如图 S5-10 所示。

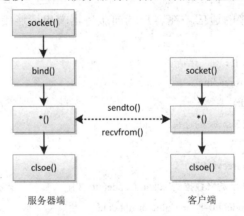

图 S5-10 UDP 协议编程模型

服务器端示例程序如下：

```
import socket
s = socket.socket(socket.AF_INET, socket.SOCK_DGRAM)
```

```
        s.bind(('127.0.0.1', 9999))
        print('服务器绑定 UDP 端口 9999...')
        while True:
            data, addr = s.recvfrom(1024)
            print('从 %s:%s 接收到数据.' % addr)
            print('接收数据为：', data.decode('utf-8'))
            if data.decode('utf-8') == 'quit':
                break
            s.sendto(data.decode('utf-8').upper().encode(), addr)
```

客户端示例程序如下：

```
    import socket
    s = socket.socket(socket.AF_INET, socket.SOCK_DGRAM)
    addr = ('127.0.0.1', 9999)
    while True:
        data = input('请输入发送的数据：')
        if not data or data == 'quit':
            break
        s.sendto(data.encode(), addr)
        recvdata, addr = s.recvfrom(1024)
        print('从服务器返回的数据：', recvdata.decode('utf-8'))
    s.sendto('quit'.encode(), addr)
    s.close()
```

6) 创建简易聊天室

创建简易聊天室的步骤如下：

(1) 使用 TCP、UDP 协议测试多对一的通信连接。

针对 TCP 协议，固定服务器端 IP 地址，增加连接端口。将多个客户端程序的 IP 地址设置为服务器端 IP 地址，单独设置各自连接的端口号，与服务器端口对应。测试连接方式是否可行。

针对 UDP 协议，固定服务器端 IP 地址及端口号，添加多个客户端。将客户端程序的 IP 地址设置为与服务器端的 IP 地址相同，建立连接，发送数据。服务器端观察是否收到来自不同客户端发送的数据。

(2) 根据测试结果，采用 UDP 协议建立服务器独立应答程序。

针对服务器端接收到客户端发送信息后，原样返回的现象，改进服务器端程序，使之能独立进行数据收发，自主应答。

服务器端修改示例代码如下：

```
        s.sendto(input('请输入回传的数据：').encode(), addr)
```

(3) 改进聊天室程序，在客户端显示所有信息(此部分为选做内容)。

针对聊天室程序客户端只能显示本机与服务器对话内容的现象，增加其他客户聊天信息。

修改策略：服务器接收到客户端信息后，根据当前建立的连接，广播式发送接收信息，所有客户端接收到信息后直接显示。需要修改服务器端接收信息后的发送机制。

五、实验任务

本实验任务包括：

(1) 上机测试本实验案例"1. 网络常用测试命令 ipconfig、pirg、tracert、netstat 的使用"中所应用的常见网络测试命令。

(2) 使用一台机器，使之既作为客户端又作为发送端来完成 TCP 和 UDP 通信。

(3) 使用两台机器，一台作为客户端，一台作为发送端完成数据通信。

(4) 练习创建简易聊天室，完成多人之间的数据通信(选做内容)。

(5) 实验中所有涉及的源代码，都上传至智慧教室。

MySQL 数据库基础实验

实验 6   MySQL 基本操作

MySQL 是一个关系型数据库管理系统，由瑞典的 MySQL AB 公司开发，目前属于 Oracle 旗下的产品。MySQL 是最流行的关系型数据库管理系统之一。MySQL 具有体积小、速度快、开源等优点，尤其是开放源码这一特点，深受数据管理人员和程序开发人员的喜爱。一般中小型网站的开发都选择 MySQL 作为网站数据库。本次实验的内容是 MySQL 基本操作。

一、实验内容

本实验内容如下：
- 练习 MySQL 安装与卸载；
- 练习数据库的操作；
- 练习数据表的操作；
- 利用 SQL 语句操作数据库；
- 学习 Python 数据库程序设计。

二、实验目标

本实验目标如下：
- 学会 MySQL 的安装与卸载；
- 掌握数据库的创建；
- 掌握数据表的设计与数据记录添加；
- 会利用 SQL 语句对数据库进行查询和更新操作；
- 理解 Python 数据库程序设计的过程，并根据具体应用进行适当修改。

三、实验环境

实验环境包括：
- MySQL5.5；
- Navicat for MySQL 11.0.10。

四、实验案例

1．MySQL 的安装

MySQL 的安装步骤如下：

（1）首先双击 MySQL5.5 的安装文件，出现该数据库的安装向导界面，如图 S6-1 所示，在该界面中单击"Next"按钮继续安装。

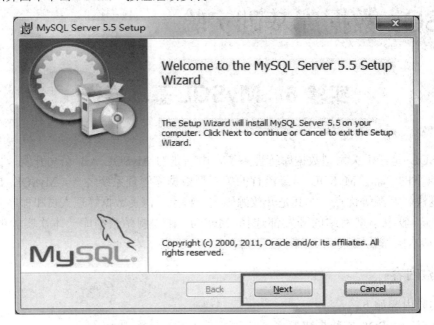

图 S6-1　MySQL 安装之一

（2）在打开的窗口中，选择接受安装协议，然后单击"Next"按钮继续安装，如图 S6-2 所示。

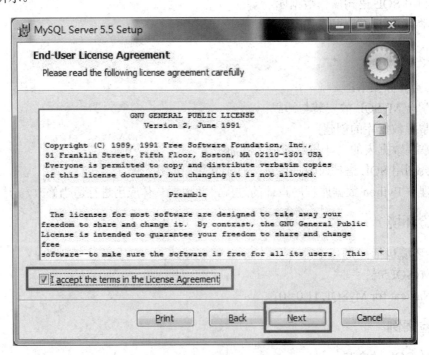

图 S6-2　MySQL 安装之二

(3) 在出现选择安装类型的窗口中，有"typical"(默认)、"Complete"(完全)、"Custom"(用户自定义)三个选项，这里选择"Custom"选项，因为通过自定义可以让我们更加熟悉它的安装过程，然后单击"Next"按钮继续安装，如图 S6-3 所示。

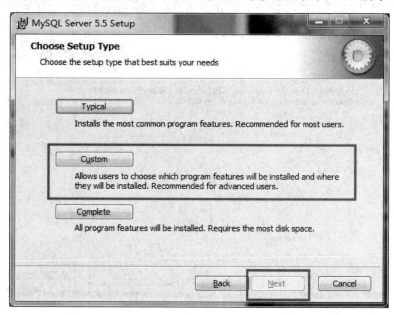

图 S6-3　MySQL 安装之三

(4) 在出现的自定义安装界面中选择 MySQL 数据库的安装路径，本实验设置的安装路径是"d:\Program Files\MySQL"，然后单击"Next"按钮继续安装，如图 S6-4 所示。

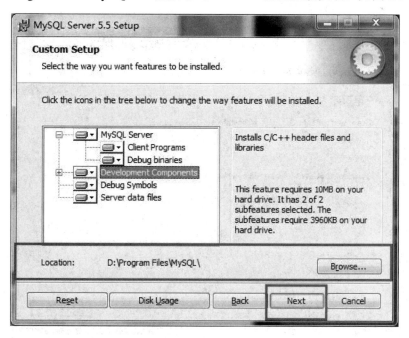

图 S6-4　MySQL 安装之四

(5) 接下来进入到准备安装的界面，首先确认一下先前的设置，如果有误，则单击
"Back" 按钮返回；如果没有错误，则单击 "Install" 按钮继续安装，如图 S6-5 所示。

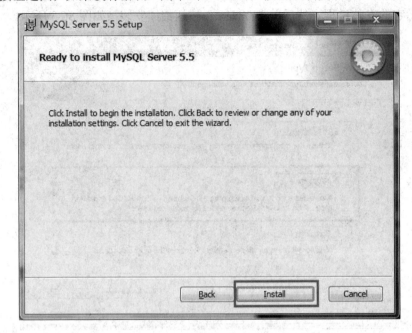

图 S6-5　MySQL 安装之五

(6) 在图 S6-5 中单击 "Install" 按钮之后，出现如图 S6-6 所示的正在安装的界面，经
过很短的时间，MySQL 数据库就会安装完成，弹出如图 S6-7 所示的完成 MySQL 安装的
界面。

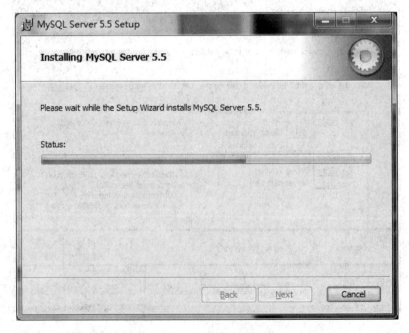

图 S6-6　MySQL 安装之六

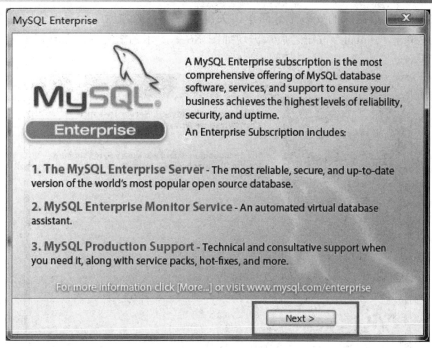

图 S6-7　MySQL 安装之七

单击图 S6-7 中的"Next"按钮，进入如图 S6-8 所示的界面。在该界面中选择 "Launch the MySQL Instance Configuration Wizard"选项，该选项用于启动 MySQL 配置。单击"Finish"按钮，进入配置界面。

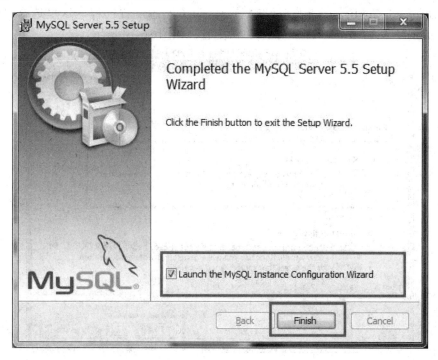

图 S6-8　MySQL 安装之八

(7) MySQL 数据库的安装十分简单，关键是安装完成之后的配置工作比较复杂，在图 S6-8 中单击"Finish"按钮之后，出现如图 S6-9 所示的配置界面向导，单击"Next"按钮进行配置。

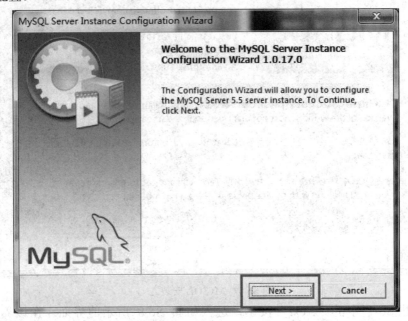

图 S6-9　MySQL 安装之九

(8) 在打开的配置类型窗口中选择配置的方式："Detailed Configuration"(手动精确配置)或"Standard Configuration"(标准配置)。为了熟悉配置过程，这里选择"Detailed Configuration"，然后单击"Next"按钮继续配置，如图 S6-10 所示。

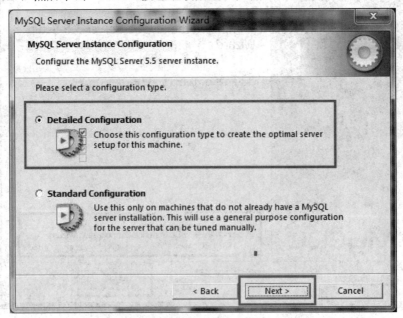

图 S6-10　MySQL 安装之十

(9) 在出现的窗口中，选择服务器的类型："Developer Machine"(开发测试类)、"Server Machine"(服务器类型)或"Dedicated MySQL Server Machine"(专门的数据库服务器)。本实验是用来学习和测试的，所以不用选，默认即可，然后单击"Next"继续配置，如图 S6-11 所示。

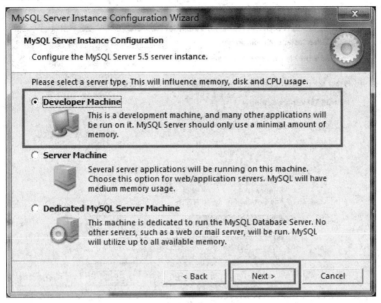

图 S6-11　MySQL 安装之十一

(10) 在出现的配置界面中选择 MySQL 数据库的用途："Multifunctional Database"(通用多功能型)、"Transactional Database Only"(事务处理型)或"Non-Transactional Database Only"(非事务处理型)。本实验选择的是第一项，即通用安装，然后单击"Next"按钮继续配置，如图 S6-12 所示。

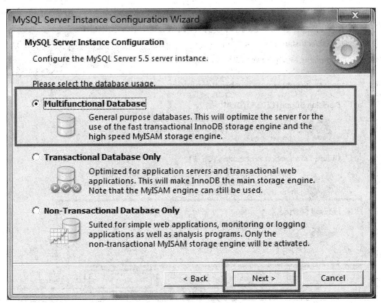

图 S6-12　MySQL 安装之十二

(11) 在出现的界面中，对 InnoDB Tablespace 进行配置，该配置是为 InnoDB 数据库文件选择一个存储空间。如果修改了存储空间位置，要记住新位置，重装的时候要选择一样的地方，否则可能会造成数据库损坏。当然，对数据库做个备份就不存在这个问题了，如图 S6-13 所示。

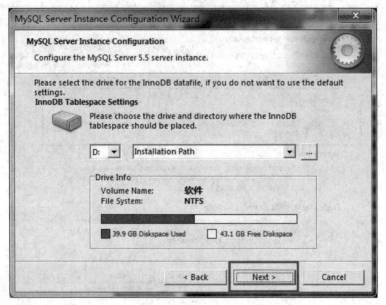

图 S6-13　MySQL 安装之十三

(12) 在打开的界面中，选择 MySQL 的访问量，即同时连接到 MySQL 数据库的用户数："Decision Support(DSS)/OLAP"（20 个左右）、"Online Transaction Processing(OLTP)"（500 个左右）或 "Manual Setting"（手动设置，设置为 15 个）。本实验选择手动设置，然后单击 "Next" 按钮继续配置，如图 S6-14 所示。

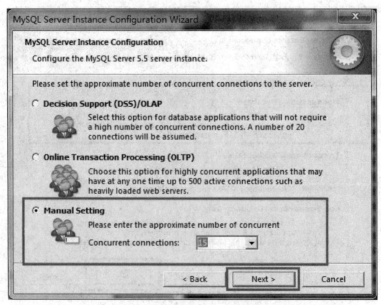

图 S6-14　MySQL 安装之十四

(13) 在打开的界面中设置是否启用 TCP/IP 连接，设定端口，如果不启用，就只能在自己的机器上访问 MySQL 数据库了，这也是连接 Java 的操作，默认的端口是 3306，选中"Enable Strict Mode"选项，然后单击"Next"按钮继续配置，如图 S6-15 所示。

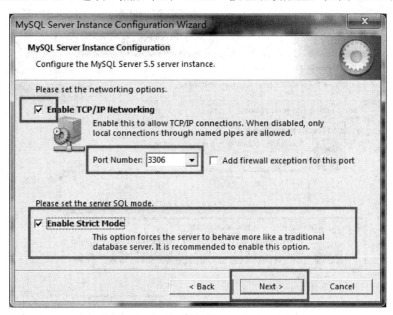

图 S6-15　MySQL 安装之十五

(14) 在打开的字符编码界面中，设置 MySQL 要使用的字符编码，第一个是西文编码，第二个是多字节的通用 utf8 编码，第三个是手动编码，本实验选择 utf8 或者 gbk，然后单击"Next"按钮继续配置，如图 S6-16 所示。

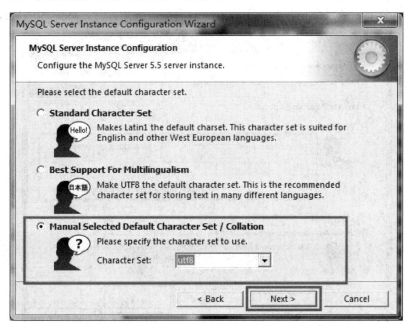

图 S6-16　MySQL 安装之十六

(15) 在打开的界面中选择是否将 MySQL 安装为 Windows 服务，还可以指定 Service Name(服务标识名称)，选择是否将 MySQL 的 Bin 目录加入到 Windows PATH 中(加入后，就可以直接使用 Bin 下的文件，而不用指出目录名，比如连接，"mysql –u username –p password;"就可以了)，然后单击"Next"按钮继续配置，如图 S6-17 所示。

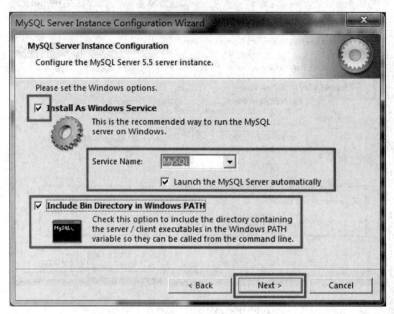

图 S6-17　MySQL 安装之十七

(16) 在打开的界面中设置是否要修改默认 root 用户(超级管理员)的密码(默认为空)，在"New root password"中可修改，如果要修改，就在此填入新密码，并启用 root 远程访问的功能，不要创建匿名用户，然后单击"Next"按钮继续配置，如图 S6-18 所示。

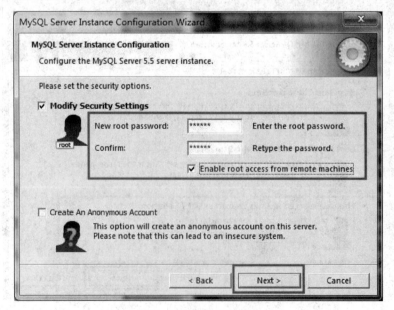

图 S6-18　MySQL 安装之十八

(17) 操作到这一步，所有的配置操作都已经完成，单击"Execute"按钮执行配置，如图 S6-19 所示。

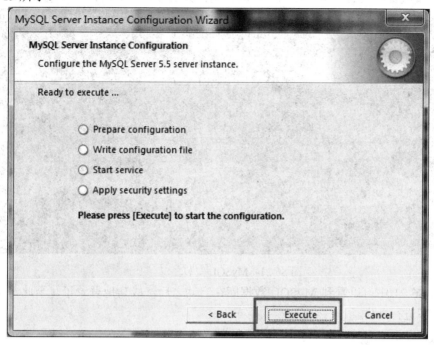

图 S6-19　MySQL 安装之十九

(18) 过几分钟，就会出现如图 S6-20 所示的提示界面，就代表 MySQL 配置已经结束了，并提示了成功的信息。

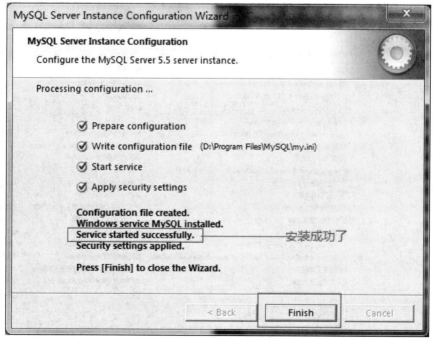

图 S6-20　MySQL 安装之二十

（19）在服务中将 MySQL 数据库启动，并在命令窗口中输入"mysql –h localhost –u root –p"，接着在出现的提示中输入用户的密码，如图 S6-21 所示。

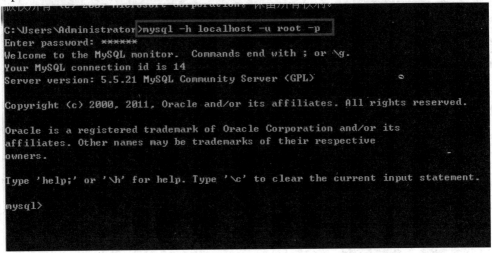

图 S6-21　MySQL 安装之二十一

从图 S6-21 中可以看到 MySQL 数据库在启动之后，成功地登录了，至此，我们就可以对数据库进行操作了。

2. MySQL 卸载

（1）选择"控制面板"，再选择"所有控制面板项"，继续选择"程序和功能"，卸载 MySQL Server，如图 S6-22 所示。

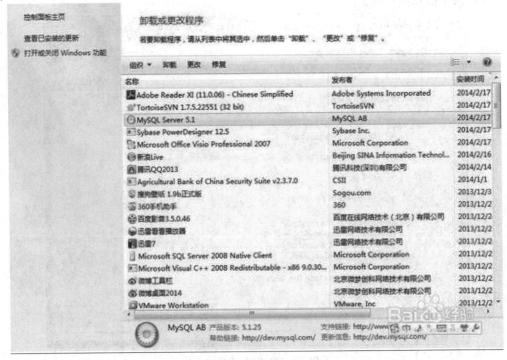

图 S6-22　MySQL 卸载之一

(2) 然后删除 MySQL 文件夹下的 my.ini 文件及所有文件，如图 S6-23 所示。

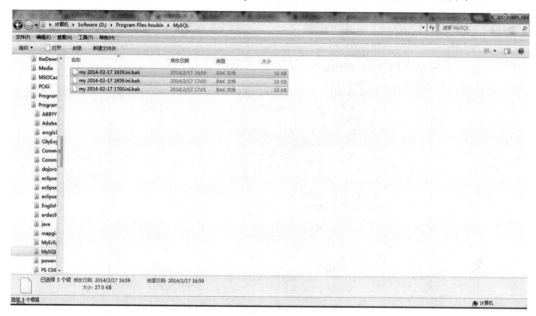

图 S6-23　MySQL 卸载之二

(3) 运行"regedit"文件，如图 S6-24 所示，打开注册表。

图 S6-24　MySQL 卸载之三

(4) 删除"KEY_LOCAL_MACHINE\SYSTEM\ControlSet001\Services\Eventlog\ Application\ MySQL"文件夹，如图 S6-25 所示。

图 S6-25　MySQL 卸载之四

(5) "删除 HKEY_LOCAL_MACHINE\SYSTEM\ControlSet002\Services\Eventlog\
Application\MySQL" 文 件 夹, 并 且 删 除 "HKEY_LOCAL_MACHINE\SYSTEM\
CurrentControlSet\Services\Eventlog\Application\MySQL" 文件夹。如果没有这些文件夹可
以不用删除了, 如图 S6-26 所示。

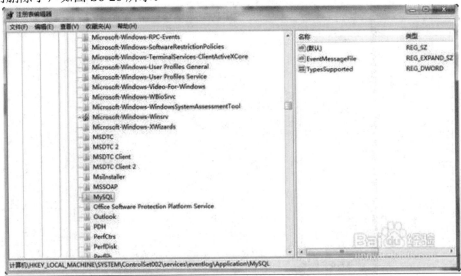

图 S6-26　MySQL 卸载之五

(6) 删除 C 盘下的 "C:\ProgramData\MySQL" 中的所有文件, 如果删除不了, 则用
360 粉碎掉即可, 该 ProgramData 文件默认是隐藏的, 设置显示后即可见, 或者直接复制
上边的地址到地址栏回车即可进入该文件。删除后重启电脑, 就可以重装 MySQL 数据库
了, 如图 S6-27 所示。

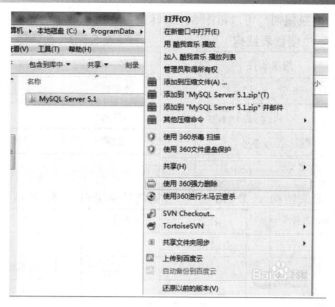

图 S6-27   MySQL 卸载之六

特别注意：ProgramData 文件夹是一个隐藏文件，需要先显示隐藏文件夹。

3．数据库和数据表的操作

1）案例描述

在 MySQL 中设计实现一个简单的教学管理系统数据库。为了便于描述，采用如图 S6-28 所示的 E-R 图来描述系统包含的实体以及它们之间的联系。

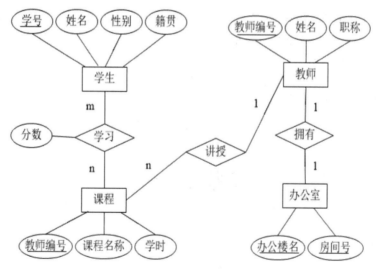

图 S6-28   教学管理系统 E-R 图

2）案例分析

E-R 图是数据库设计阶段得到的数据库的概念模型。在数据库中创建数据库和数据表之前，首先应该根据 E-R 图得到数据库的逻辑模型，即多张关系表，然后分析关系表中每列数据的类型、取值范围及其他约束条件。

根据 E-R 图的转换规则，可以将图 S6-28 转换得到如下 5 张关系表。

表 S6-1 学生信息表结构

名　称	约束条件
学号	5位，主键
姓名	非空
性别	默认值为"男"
身高	单位为米，2 位小数

表 S6-2 教师信息表结构

名　称	约束条件
教师编号	5位，主键
姓名	非空
职称	默认值为"讲师"

表 S6-3 课程信息表结构

名　称	约束条件
课程编号	5位，主键
姓名	非空
学时	整数
教师编号	外键

表 S6-4 办公室信息表结构

名　称	约束条件
办公楼名称	主键
房间号	主键
教师编号	外键

表 S6-5 选课信息表结构

名　称	约束条件
学号	主键
课程编号	主键
分数	

3) 操作要点

数据库操作通常包含建立连接、创建数据库、创建数据表及添加数据等步骤。操作方式主要有两种：一是通过 Navicat 软件以图形化方式操作；二是直接以 MySQL 命令行方式操作。本实验采用第一种方式，操作简单直观。

(1) 建立连接。

安装好 MySQL 和 Navicat 之后，打开 Navicat，然后单击"连接"菜单，打开如图 S6-29 所示的"新建连接"对话框。

图 S6-29 建立连接

在该对话框中输入连接名、主机名或 IP 地址、端口、用户名和密码等信息。其中主机名或 IP 地址表示 MySQL 服务所在主机的主机名或 IP 地址，如果 MySQL 服务就是在当前主机中，则可以填写为"localhost"或者"127.0.0.1"，当然也可以直接填写本机设置的 IP 地址。端口号为 MySQL 服务使用的端口号，默认值为"3306"，一般情况下不需要修改。默认用户名为"root"。默认密码为空，大家可以根据实际情况进行设置，并牢记于心。

填好各项内容后可以先单击"连接测试"按钮，测试新连接是否正常，如果正常，则单击"确定"按钮完成建立连接；否则，需要检查填入的各项参数、MySQL 服务是否正常启动等。

(2) 创建数据库。

在 Navicat 左侧单击鼠标右键，弹出快捷菜单，选择"新建数据库"，打开如图 S6-30 所示的"新建数据库"对话框。

图 S6-30 新建数据库

在该对话框中填入数据库名、选择合适的字符集和排序规则。由于当前数据库需要存放汉字，因此选择支持汉字编码的字符集"utf8 - UTF-8 Unicode"。排序规则选择"utf8_general_ci"，表示在关键字排序时，要区分字符的大小写。最后单击"确认"按钮，完成数据库创建，在左侧右键单击选择刷新，就可以看到刚刚创建好的数据库了。

数据库的关闭和删除操作可以在数据库名上用右键快捷菜单来完成，比较简单，这里就不再一一赘述了。

(3) 设计数据表。

设计数据表是数据库操作中最重要的操作环节。双击打开刚刚创建好的数据库，单击表，在右边空白处右键单击，选择"新建表"，如图 S6-31 所示。

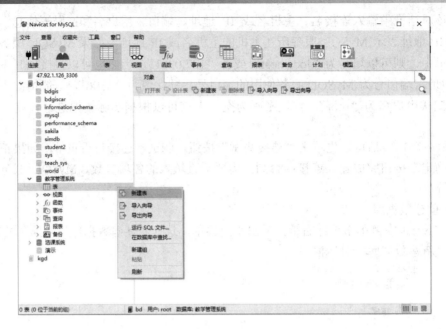

图 S6-31　新建数据表

在打开的数据表设计视图中添加数据表的各个列，选择每列的数据类型，设置其更详细的约束条件，并设置数据表的主键。这里以"学生"数据表的设计为例进行简要说明，如图 S6-32 所示。

图 S6-32　学生数据表设计视图

在数据表的设计视图中，主要完成数据表的框架设计，也就是设置每一列的属性。单击工具栏上的"添加栏位"或"插入栏位"可以为数据表增加一列。如"学号"属性列的存储内容为数字和英文字符混合的字符串，长度为 5，所以类型选择 char，长度设置为 5，不能为空值，并且设置为主键。"性别"属性列的取值只有"男"和"女"两种情况，因此选择 enum 类型是非常合适的。选中属性后，可以在下方的属性面板进一步为其设置更加详细的属性。单击"值"右侧的按钮，可以在弹出的对话框中添加"男"、"女"两种取值。在"默认"属性中选择默认值为"男"。字符集和排序规则属性通常会自动选择为创建数据库时设置的选项，不需要修改。给数据表命名，并保存，完成学生数据表的设计。

按照相同的操作方法，可以设计教师信息表、课程信息表、办公室信息表和选课信息表，如图 S6-33～S6-36 所示。

名	类型	长度	小数点	不是 null	
教师编号	char	5	0	☑	🔑1
姓名	varchar	4	0	☑	
职称	enum	0	0	☐	

图 S6-33　教师信息表设计视图

名	类型	长度	小数点	不是 null	
课程编号	char	5	0	☑	🔑1
课程名称	varchar	20	0	☑	
学时	int	10	0	☐	
教师编号	char	5	0	☐	

图 S6-34　课程信息表设计视图

名	类型	长度	小数点	不是 null	
办公楼名称	varchar	20	0	☑	🔑1
房间号	varchar	10	0	☑	🔑2
教师编号	char	5	0	☐	

图 S6-35　办公室信息表设计视图

名	类型	长度	小数点	不是 null	
学号	char	5	0	☑	🔑1
课程编号	char	5	0	☑	🔑2
分数	decimal	4	1	☐	

图 S6-36　选课信息表设计视图

如果要对数据表的结构进行修改，则需要在 Navicat 作业的相应的数据表名上，选择右键快捷菜单中的"设计表"，可以再次进入数据表设计视图，进行数据表中的列属性的修改。但是一般建议尽量避免在添加完具体数据内容之后，再修改数据表中的列属性。

课程信息表、办公室信息表和选课信息表还存在外键，需要在相应数据表的设计视图下进行设置。下面以课程信息表的外键"教师编号"的设置为例进行说明。

单击"课程"信息表设计视图的"外键"选项卡，打开外界设置对话框，如图 S6-37 所示。为外键设置一个名称，选择外键在"课程"信息表和"教师"信息表中相关联的列"教师编号"，接下来，设置当在"教师"信息表(父表)中删除或更新"教师编号"列的值时，"课程"信息表(子表)中的"教师编号"列的值该如何变化，共有四种选择：

- CASCADE：从父表中删除或更新对应的行，同时自动删除或更新子表中相关联的行。

- SET NULL：从父表中删除或更新对应的行，同时将子表中的外键列设为空。
- NO ACTION：不做任何操作。
- RESTRICT：拒绝删除或者更新父表。

本实验删除时设置为"SET NULL"，更新时设置为"CASCADE"。

名	栏位	参考数据库	被参考表	参考栏位	删除时	更新时
▶ 课程教师	教师编号	教学管理系统	教师	教师编号	SET NULL	CASCADE

图 S6-37　外键设置

数据表设计完成后，就可以为每张数据表添加每一行数据记录了。有外键的数据表，建议先添加父表中的数据。

双击 Navicat 左侧的数据表，可以打开相应的数据表，然后可以逐行输入数据记录。图 S6-38 为学生数据表中的数据，其他数据表中的数据根据实际情况分别录入，这里就不再一一展示了。

学号	姓名	性别	身高
XH001	孔帅	男	1.76
XH002	林菲雪	女	1.65
▶ XH003	刘波	男	1.82

图 S6-38　学生数据表

4．利用 SQL 语句操作数据库

数据表设计完成后，就可以为每张数据表添加每一行数据记录了。有外键的数据表，建议先添加父表中的数据。

1）案例描述

使用 SQL 语句对本实验"3．数据库和数据表的操作"中创建的教学管理系统数据库进行如下操作：

(1) 查询"学生"数据表中所有学生的全部信息。

(2) 查询 1.70 m 以上学生的姓名和身高，按身高降序排列。

(3) 查询所有学生每门课程的成绩和授课老师。

(4) 在学生数据表中插入一个学生的信息。该学生的学号为 XH006，姓名为邓晨，性别为男生，身高为 1.81 m。

(5) 删除上一步添加的学生信息。

(6) 将学号为"XH003"的学生身高改为 1.82。

2）案例分析

本案例考查最常用 SQL 语句的使用，包括选择语句 SELECT、插入语句 INSERT、更新语句 UPDATE 和删除语句 DELETE 等，它们的主要功能和语法格式如下：

(1) SELECT 语句。SELECT 语句用于从指定的表中找出满足条件的记录，按目标列显示数据，其语法形式如下：

SELECT 目标列　FROM 表

[WHERE 条件表达式]

(2) INSERT 语句。INSERT 语句用于在数据中插入一条记录，其语法格式如下：

INSERT INTO 表名 [(字段 1，…，字段 n)] VALUES (值 1，…，值 n)

(3) UPDATE 语句。UPDATE 语句用于数据修改，其语法格式如下：

UPDATE 表 SET 字段 1=表达式 1，…，字段 n=表达式 n [WHERE 条件]

(4) DELETE 语句。DELETE 语句用于数据删除，其语法格式如下：

DELETE FROM 表 [WHERE 条件]

3) 操作要点

(1) 查询"学生"数据表中所有学生的全部信息。

利用 SELECT 语句进行单表查询，具体的 SQL 语句如下：

SELECT * FROM '学生'

其中 * 表示选择所有的属性列。

单击 Navicat 工具栏中的"查询"按钮，然后选择"新建查询"选项卡，在弹出的"查询编辑器"中输入上述 SQL 语句，最后单击"运行"按钮，可以看到 SQL 语句的运行结果，如图 S6-39 所示。

图 S6-39　查询所有信息

(2) 查询 1.70 m 以上学生的姓名和身高，按身高降序排列。

使用 SELECT 语句进行较为复杂的单表查询，具体的 SQL 语句如下：

SELECT 姓名，身高

FROM 学生

WHERE 身高>1.70

ORDER_BY 身高 DESC

在"查询编辑器"中输入上述 SQL 语句，并运行，得到如图 S6-40 所示的结果。

图 S6-40　带条件的单表查询

(3) 查询所有学生每门课程的成绩和授课老师。

使用 SELECT 语句进行多表连接查询。在"查询编辑器"中输入如图 S6-41 所示的 SQL 语句，并运行，得出图 S6-41 中所示的查询结果。

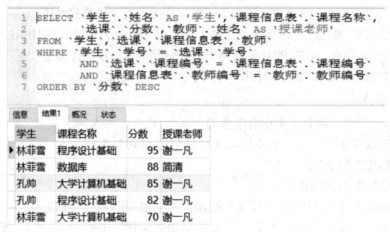

图 S6-41　多表查询

(4) 在学生数据表中插入一个学生的信息。该学生的学号为 XH006，姓名为邓晨，性别为男生，身高为 1.81 m。

使用 INSERT 语句插入新记录。在"查询编辑器"中输入如图 S6-42 所示的 SQL 语句，并运行，得出图 S6-42 中所示的运行结果。

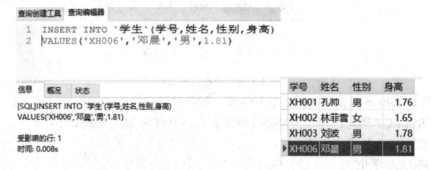

图 S6-42　插入新记录

(5) 删除上一步中添加的学生信息。

使用 DELETE 语句删除一条记录。在"查询编辑器"中输入如图 S6-43 所示的 SQL 语句，并运行，得出图 S6-43 中所示的运行结果。

图 S6-43　删除记录

(6) 将学号为"XH003"的学生的身高改为 1.82 m。

使用 UPDATE 语句修改记录中的属性值。在"查询编辑器"中输入如图 S6-44 所示的 SQL 语句，并运行，得出图 S6-44 中所示的运行结果。

图 S6-44　修改记录

5．Python 数据库程序设计

1) 案例描述

使用 Python 语言编程创建一个名为"student"的数据库，然后在其中建立一个名为"stud1"的数据表。该数据表包含两列，分别为"num"和"name"。接下来在该表中插入几条学生信息，最后查询所有学生的全部信息。

2) 案例分析

Python 数据库程序设计的一般操作步骤如下：

(1) 建立数据库连接；

(2) 执行数据库操作，需要获得一个 cursor 对象；

(3) 使用 cursor 的方法操作数据库；

(4) 创建表的结构，设置主键；

(5) 插入多条记录；

(6) 查询并显示；

(7) 所做的修改保存到数据库；

(8) 分别关闭指针对象和连接对象。

3) 操作要点

根据案例功能需求，给出下列参考程序：

```
import MySQLdb          #引入数据库模块
conn = MySQLdb.Connect(host = '127.0.0.1', user = 'root', password = '123') #连接本地数据库
cur = conn.cursor()          #创建游标
cur.execute("CREATE DATABASE student")          #创建数据库
cur.execute("USE student") #打开数据库
cur.execute("CREATE TABLE stud1 (num INT, name VARCHAR(12))")     #创建数据表
sql="alter TABLE stud1 add primary key(num)"     #设置主键
cur.execute(sql)
```

cur.execute("INSERT INTO stud1 VALUES(1001, 'zhao'),(1002, 'qian'),(1003, 'sun'),(1004, 'li')")

cur.execute("INSERT INTO stud1 VALUES(1005, 'zhou'),(1006, 'wu'),(1007, 'zheng')　#添加记录

cur.execute("SELECT * FROM stud1 ")　　#查询全部信息

for row in cur.fetchall():　　#显示信息，每次显示一行

　　　print('%s\t%s' %row)

conn.commit()

cur.close()　　　　　　　　#关闭游标

conn.close()　　　　　　　　#关闭连接

运行该程序，然后打开 MySQL 数据库，发现 stud1 数据表中的数据如图 S6-45 所示。打开该表的设计视图，其结构如图 S6-46 所示。

图 S6-45　stud1 表数据　　　　　　　　图 S6-46　stud1 表设计视图

五、实验任务

1. 物资管理系统数据库设计

如图 S6-47 所示的 E-R 图描述了某个工厂物资管理系统中包含的实体以及它们之间的联系。请在 MySQL 中创建相应的数据库及数据表，并在其中保存一些模拟数据。

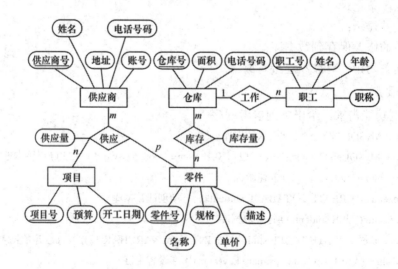

图 S6-47　物资管理系统 E-R 图

2．物资管理系统数据库查询

使用 SQL 语句对物资管理系统数据库进行如下操作：

(1) 查询"供应商"数据表中所有供应商的全部信息。

(2) 查询面积超过 100 平方米的仓库的仓库号和面积，按面积降序排列。

(3) 查询每种零件的零件号、名称、库存量、所在仓库号及仓库的电话号码。

(4) 在供应商数据表中插入一个新供应商的信息。

(5) 删除某个项目的记录信息。

(6) 更改某个职工的年龄。

3．Python 数据库程序设计实验

修改本实验"5. Python 数据库程序设计"中的 Python 程序，实现下列功能：

(1) 在 stud1 表中增加一行记录，其中 num 属性的值为"1008"，name 属性的值为"sun"。

(2) 查询所有 name 属性值为"sun"的人员的全部信息，并按照 num 属性值升序排列。

Office 基础操作

实验 7 Word 文档编辑

Microsoft Office Word 是微软公司的一个文字处理应用程序，是 Office 办公软件的核心程序之一。

一、实验内容

本实验内容如下：
- 练习文字录入与编辑；
- 练习字体和段落的设置；
- 练习对象插入与编辑；
- 练习页面设置；
- 练习样式等工具的使用。

二、实验目标

本实验目标如下：
- 能选择合适的输入法进行文字录入与编辑；
- 掌握设置字体和段落格式的方法；
- 学会插入图片、表格、艺术字、文本框、公式等常用对象，并进行设置；
- 学会设置文档的页边距、分栏等页面参数；
- 学会插入页眉、页脚、目录等；
- 学会使用格式刷、样式等工具，并高效地设置文档格式。

三、实验环境

实验环境是 Microsoft Office Word 2010。

四、实验案例

1. 案例描述

打开素材文件 word.docx，按照"word 参考样式.gif"完成文档的设置和制作，如图 S7-1 所示。具体要求包括：

(1) 设置页边距为上下左右各 2.7 厘米，装订线在左侧；设置文字水印页面背景，文字为"中国互联网信息中心"，水印版式为斜式。

(2) 设置第一段落文字"中国网民规模达 5.64 亿"为标题；设置第二段落文字"互联网普及率为 42.1%"为副标题；改变段间距和行间距(间距单位为行)，使用"独特"样式修饰页面；在页面顶端插入"边线型提要栏"文本框，将第三段文字"中国经济网北京 1月 15 日讯中国互联网信息中心今日发布《第 31 次中国互联网络发展状况统计报告》。"移入文本框内，设置字体、字号、颜色等；在该文本的最前面插入类别为"文档信息"、名称为"新闻提要"的域。

(3) 设置第四至六段文字，要求首行缩进 2 个字符；将第四至第六段的段首"《报告》显示"和"《报告》表示"设置为斜体、加粗、红色、双下划线。

(4) 将文档"附：统计数据"后面的内容转换成 2 列 9 行的表格，为表格设置样式；将表格的数据转换成簇状柱形图，插入到文档中"附：统计数据"的前面，保存文档。

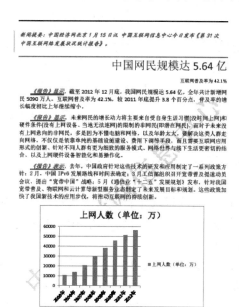

图 S7-1 Word 参考样式

2．案例分析与操作要点

✎ 实现"1. 案例描述"中的要求(1)主要是为了练习如何对页面格式和文字水印进行设置，实现步骤如下：

(1) 设置页面格式。

在"页面布局"选项卡中单击"页面设置"组中的对话框启动器，打开"页面设置"对话框，在"页边距"选项卡中设置页边距上下左右各 2.7 厘米，设置装订线为左侧，如图 S7-2 所示。

(2) 设置水印页面背景。

① 在"页面布局"选项卡中单击"页面背景"组中的"水印"按钮，在展开的列表中选择"自定义水印"，打开"水印"对话框。

② 在对话框中单击"文字水印"单选按钮，然后输入水印文字"中国互联网信息中心"，水印版式为"斜式"，单击"确定"按钮完成操作，如图 S7-3 所示。

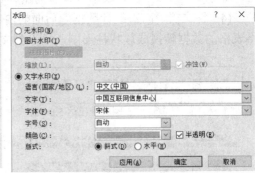

图 S7-2　页面设置对话框　　　　　　　　　　图 S7-3　水印设置对话框

　　✍　实现"1. 案例描述"中的要求(2)主要是为了练习如何对段落格式、文本框和域进行设置，实现步骤如下：

　　(1) 选定第一段落文字"中国网民规模达 5.64 亿"(注意选定整段时应包括段落末尾的段落标记)，在"开始"选项卡的"样式"分组中设置样式为"标题"；使用同样的方法将第二段落文字"互联网普及率为 42.1%"设置为副标题。

　　(2) 选中全部正文文字，单击"开始"选项卡中"段落"分组的启动器，打开"段落"对话框。在对话框中适当设置行间距和段间距(要改变默认设置，具体设置的数值不限)。

　　(3) 单击"开始"选项卡中"样式"分组中的"更改样式"按钮，在弹出的菜单中依次选择"样式集"、"独特"。

　　(4) 单击"插入"选项卡下"文本"分组中的"文本框"按钮，在弹出的菜单中选择"边线型提要栏"；选中第三段文字"中国经济网北京 1 月 15 日讯中国互联网信息中心今日发布《第 31 次中国互联网络发展状况统计报告》。"移至文本框内，并适当设置字体、字号、颜色等，如图 S7-4 所示。

　　(5) 将光标定位在该文本最前面，然后单击"插入"选项卡下"文本"分组中的"文档部件"按钮，然后依次选择"文档属性"、"域"，在弹出的"域"对话框中的"域名"中，选择"Info"，在"域属性新值"中输入"新闻提要："，如图 S7-5 所示。

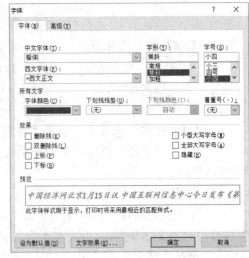

图 S7-4　字体设置对话框

图 S7-5　域设置对话框

✎　实现"1. 案例描述"中的要求(3)主要是为了练习如何对字体和段落进行设置，实现步骤如下：

(1) 选中第四至第六段文字，单击"开始"选项卡中"段落"分组的启动器，打开"段落"对话框。在对话框中设置"特殊格式"为首行缩进 2 字符，如图 S7-6 所示。

(2) 选中第四段的段首"《报告》显示"，在"开始"选项卡下"字体"分组中将其设置为斜体、加粗、红色、双下划线；使用同样的方法分别设置第五段和第六段的段首"《报告》显示"和"《报告》表示"，如图 S7-7 所示。

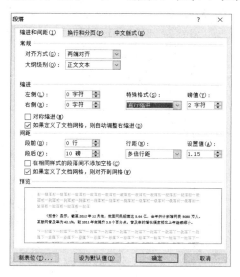

图 S7-6　段落设置对话框

图 S7-7　字体设置对话框

✎　实现"1. 案例描述"中的要求(4)主要是为了练习如何将文字转换成表格以及将表格转换成图表，实现步骤如下：

(1) 选中"附：统计数据"后面的 9 段内容，单击"插入"选项卡下"表格"分组中的"表格"按钮，选择"文本转换成表格"，生成表格后适当地调整，使其变为 2 列 9 行，并且设置适当的样式。注意：应根据需要，在"将文字转换成表格"对话框中设置

"文本分隔位置"选项，如"空格"、"逗号"、"段落标记"等，否则会导致转换错误，如图 S7-8 所示。

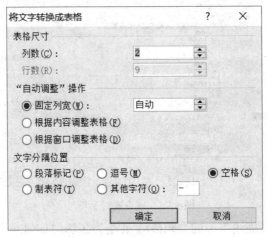

图 S7-8　插入表格对话框

(2) 将光标定位在"附：统计数据"之前，然后单击"插入"选项卡下"插图"分组中的"图表"按钮，在弹出的"插入图表"对话框中选中"簇状柱形图"后，单击"确定"按钮，将会弹出一个 Excel 窗口。在 Excel 窗口中拖动 A1:B9 的数据区域，清除默认的数据，然后根据 Word 文档中的表格填充数据区域(此时可使用复制粘贴技术)，如图 S7-9 所示。

(3) 关闭 Excel 窗口，然后保存 Word 文档并关闭 Word 窗口。

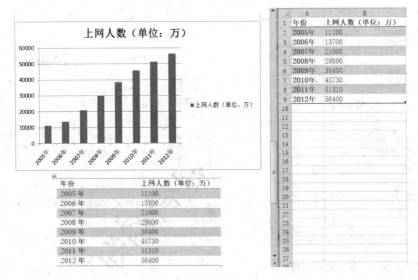

图 S7-9　插入图表

五、实验任务

某高校为了使学生更好地进行职场定位和职业准备，提高就业能力，该校学工处将于 2010 年 4 月 29 日(星期五)19:30～21:30 在校国际会议中心举办题为"领慧讲堂——大学生人生规划"的就业讲座，特别邀请资深媒体人、著名艺术评论家赵蕈先生担任演讲嘉宾。请根据上述活动的描述，利用 Microsoft Word 制作一份宣传海报，请参考"Word-海报参考样式.docx"中的样式制作，如图 S7-10 所示。具体要求包括：

(1) 调整文档版面，要求页面高度为 35 厘米，页面宽度为 27 厘米，上、下页边距为 5 厘米，左、右页边距为 3 厘米，并将素材图片"Word-海报背景图片.jpg"设置为海报背景。

(2) 根据"Word-海报参考样式.docx"文件，调整海报内容文字的字号、字体和颜色。

(3) 根据页面布局需要，调整海报内容中"报告题目"、"报告人"、"报告日期"、"报告时间"、"报告地点"信息的段落间距。

(4) 在"报告人："位置后面输入报告人姓名(赵蕈)。

(5) 在"主办：校学工处"位置后另起一页，并设置第 2 页的页面纸张大小为 A4 篇幅，纸张方向设置为"横向"，页边距为"普通"页边距定义。

(6) 在新页面的"日程安排"段落下面，复制本次活动的日程安排表(请参考"Word-活动日程安排.xlsx"文件)，要求表格内容引用 Excel 文件中的内容，如若 Excel 文件中的内容发生变化，则 Word 文档中的日程安排信息也随之发生变化。

(7) 在新页面的"报名流程"段落下面，利用 SmartArt，制作本次活动的报名流程(学工处报名、确认坐席、领取资料、领取门票)。

(8) 设置"报告人介绍"段落下面的文字排版布局为本实验任务参考样式中所示的样式。

(9) 更换报告人照片为考生文件夹下的 Pic 2.jpg 照片，将该照片调整到适当位置，并且不要遮挡文档中的文字内容。

图 S7-10　Word-海报参考样式

实验 8　Excel 数据统计分析

　　Microsoft Office Excel 是微软公司的一个电子表格制作和数据分析统计应用程序，它具有直观的界面、出色的计算功能和图表工具，是 Office 办公软件的核心程序之一。

一、实验内容

　　本实验内容如下：
- 练习数据的录入与自动填充；
- 练习各种类型数据的格式设置；
- 练习数据表的格式编辑；
- 练习公式与函数的使用；
- 练习排序与分类汇总；
- 练习图表生成。

二、实验目标

　　本实验目标如下：
- 学会录入或自动填充数据；
- 学会根据数据类型设置相应的数据格式；
- 掌握数据表的格式编辑；
- 学会使用公式和函数对数据进行计算；
- 理解单元格不同引用方式的区别；
- 能够利用排序和分类汇总等工具分析和统计数据；
- 能够选择合适的图标直观地展示数据。

三、实验环境

　　实验环境是 Microsoft Office Excel 2010。

四、实验案例

1. 案例描述

　　蒋老师在教务处负责初一年级学生的成绩管理。现在，第一学期期末考试刚刚结束，他将初一年级三个班的成绩均录入了文件名为"学生成绩单.xlsx"的 Excel 工作簿文档中。请你根据下列要求帮助蒋老师对成绩单进行整理和分析：

　　(1) 对工作表"第一学期期末成绩"中的数据列表进行格式化操作：将第一列"学

号"列设为文本，将所有成绩列设为保留两位小数的数值；适当加大行高列宽，改变字体、字号，设置对齐方式，增加适当的边框和底纹以使工作表更加美观。

(2) 利用"条件格式"功能进行下列设置：将语文、数学、英语三科中不低于 110 分的成绩所在的单元格以一种颜色填充，其他四科中高于 95 分的以一种颜色填充。

(3) 利用 sum 和 average 函数计算每一个学生的总分及平均成绩。

(4) 学号第 3、4 位代表学生所在的班级，例如："120105" 代表 12 级 1 班 5 号。请通过函数提取每个学生所在的班级并按对应关系填写在"班级"列中。

(5) 复制工作表"第一学期期末成绩"，将副本放置到原表之后；改变该副本表标签的颜色，并重新命名，新表名需包含"分类汇总"字样。

(6) 通过分类汇总功能求出每个班各科的平均成绩，并将每组结果分页显示。

(7) 以分类汇总结果为基础，创建一个簇状柱形图，对每个班各科平均成绩进行比较，并将该图表放置在一个名为"柱状分析图"的新工作表中。

可以参考如图 S8-1、图 S8-2 所示的参考样例完成。

	学号	姓名	班级	语文	数学	英语	生物	地理	历史	政治	总分	平均分
2	120104	杜学江	1班	102.00	116.00	113.00	78.00	88.00	86.00	73.00	656.00	93.71
3	120103	齐飞扬	1班	95.00	85.00	99.00	98.00	92.00	92.00	88.00	649.00	92.71
4	120105	苏辉放	1班	88.00	98.00	101.00	89.00	73.00	95.00	91.00	635.00	90.71
5	120102	谢如康	1班	110.00	95.00	98.00	99.00	93.00	93.00	92.00	680.00	97.14
6	120101	曾令煊	1班	97.50	106.00	108.00	98.00	99.00	99.00	96.00	703.50	100.50
7	120106	张桂花	1班	90.00	111.00	116.00	72.00	95.00	93.00	95.00	672.00	96.00
8			1班 平均值	97.08	101.83	105.83	89.00	90.00	93.00	89.17		
9	120203	陈万地	2班	93.00	99.00	92.00	86.00	86.00	73.00	92.00	621.00	88.71
10	120206	李北大	2班	100.50	103.00	104.00	88.00	89.00	78.00	90.00	652.50	93.21
11	120204	刘康锋	2班	95.50	92.00	96.00	84.00	95.00	91.00	92.00	645.50	92.21
12	120201	刘鹏举	2班	93.50	107.00	96.00	100.00	93.00	92.00	92.00	674.50	96.36
13	120202	孙玉敏	2班	86.00	107.00	89.00	88.00	92.00	88.00	89.00	639.00	91.29
14	120205	王清华	2班	103.50	105.00	105.00	93.00	93.00	90.00	86.00	675.50	96.50
15			2班 平均值	95.33	102.17	97.00	89.83	91.33	85.33	90.33		
16	120305	包宏伟	3班	91.50	89.00	94.00	92.00	91.00	86.00	86.00	629.50	89.93
17	120301	符合	3班	99.00	98.00	101.00	95.00	91.00	95.00	78.00	657.00	93.86
18	120306	吉祥	3班	101.00	94.00	99.00	90.00	87.00	95.00	93.00	659.00	94.14
19	120302	李娜娜	3班	78.00	95.00	94.00	82.00	90.00	93.00	84.00	616.00	88.00
20	120304	倪冬声	3班	95.00	97.00	102.00	93.00	95.00	92.00	88.00	662.00	94.57
21	120303	闫朝霞	3班	84.00	100.00	97.00	87.00	78.00	90.00	92.00	628.00	89.71
22			3班 平均值	91.42	95.50	97.83	89.83	88.67	91.67	87.00		
23			总计 平均值	94.61	99.83	100.22	89.56	90.00	90.00	88.83		

图 S8-1　成绩表编辑参考样例

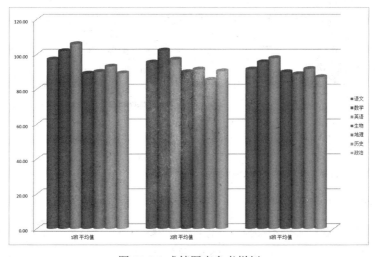

图 S8-2　成绩图表参考样例

2．案例分析与操作要点

✍　实现"1. 案例描述"中的要求(1)主要是为了练习如何在 Excel 中设置数字格式、行高列宽、字体字号、对齐方式以及如何添加边框和底纹，实现步骤如下：

(1) 设置数字格式。

选中"学号"，单击"开始"选项卡"数字"组的对话框启动器，打开"设置单元格格式"对话框，在"数字"选项卡"分类"列表中选择"文本"即可。

选中 D2:L19 单元格，单击"开始"选项卡"数字"组的对话框启动器，打开"设置单元格格式"对话框，在"数字"选项卡"分类"列表中选择"数值"，在"小数位数"中选择"2"，如图 S8-3 所示。

图 S8-3　按数据类型设置格式

(2) 加大行高列宽、字体字号、对齐方式。

注意行高和列宽要大于默认的行高和列宽值，对齐方式要设置为其他类型的对齐方式，设置字体、字号，要不同于默认的字体，大于默认的字号，如图 S8-4 所示。

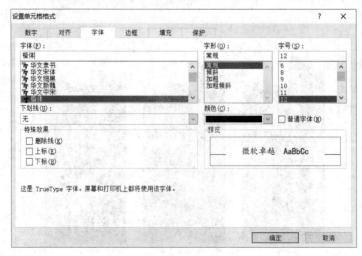

图 S8-4　字体设置

(3) 添加边框和底纹。

选中 A1:L19 单元格，在"开始"选项卡"字体"组中，单击"边框"按钮右侧的下拉按钮，在展开的列表中选择"所有框线"；单击"填充颜色"按钮右侧的下拉按钮，在展开的列表中选择一种颜色即可。

✎ 实现"1. 案例描述"中的要求(2)主要是为了练习如何在 Excel 中使用条件格式。

(1) 选择 D、E、F 列中的成绩，在"开始"选项卡"样式"组中，单击"条件格式"按钮右侧的下拉按钮，在展开的列表中选择"突出显示单元格规则"，再选择"其他规则"，则会弹出"新建格式规则"对话框。

(2) 在"新建格式规则"对话框中进行设置：

• 在"选择规则类型"中保持默认选择"只为包含以下内容的单元格设置格式"；

• 在"编辑规则说明"下方的前两个框中分别选择"单元格值"、"大于或等于"，在第三个框中填写或选取"110"，如图 S8-5 所示。

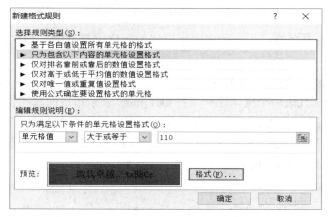

图 S8-5　设置条件格式之一

(3) 单击"格式"按钮，打开"设置单元格格式"对话框，在"填充"选项卡中选择一种填充颜色。单击"确定"按钮返回到上一对话框中，单击"确定"按钮退出对话框。

(4) 选择 G、H、I、J 四列，同理设置条件为"单元格值"、"大于"、"95"，注意选择另一种填充颜色，如图 S8-6 所示。

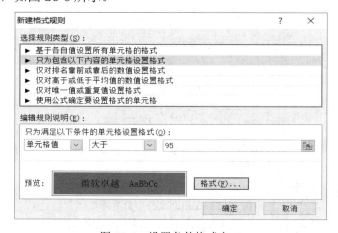

图 S8-6　设置条件格式之二

✍　实现"1. 案例描述"中的要求(3)主要是为了练习如何使用求和函数 SUM、求平均值函数 AVERAGE，实现步骤如下：

(1) 在 K2 单元格中输入公式"=SUM(D2:J2)"，在 L2 单元格中输入公式"=AVERAGE(D2:J2)"。

(2) 选中 K2:L2 单元格区域，使用智能填充的方法复制公式到此两列的其他单元格中。

✍　实现"1. 案例描述"中的要求(4)主要是为了练习如何使用 MID 函数。

在 C2 单元格中输入公式"=MID(A2,4,1)&"班""，如图 S8-7 所示。

	C2	▼	f_x	=MID(A2, 4, 1)&"班"
	A	B	C	D	E
1	学号	姓名	班级	语文	数学
2	120305	包宏伟	3班	91.50	89.00
3	120203	陈万地	2班	93.00	99.00

图 S8-7　公式与函数的使用

MID 函数的主要功能：从一个文本字符串的指定位置开始，截取指定数目的字符。其使用格式如下：

MID(text,start_num,num_chars)

参数说明：text 代表一个文本字符串；start_num 表示指定的起始位置；num_chars 表示要截取的数目。例如"=MID(A2, 4, 1)"表示 A2 单元格中有一个字符串"120305"，从该字符串第 4 个字符开始数，截取 1 个字符，这个字符就是"3"。函数的详细使用说明可以查看帮助信息，如图 S8-8 所示。

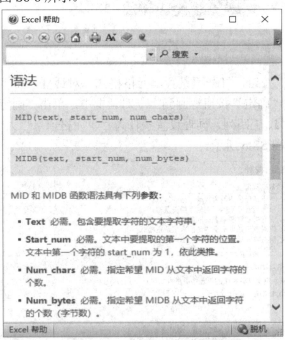

图 S8-8　在帮助文件中查看函数

"&"为连接运算符，可以将两个文本字符串连接在一起。Excel 中还有一个

CONCATENATE 函数，其功能也是连接字符串，本公式可以表示为"=CONCATENATE(MID(A2,4,1),"班")"。

✍ 实现"1. 案例描述"中的要求(5)主要是为了练习如何复制工作表、修改标签颜色、进行重命名等几项操作。右键单击工作表标签，在弹出的快捷菜单中可以进行以上操作。

复制工作表如图 S8-9 所示，设置工作表标签颜色如图 S8-10 所示。

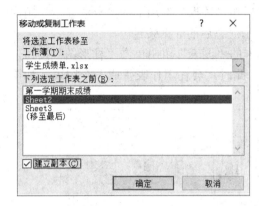

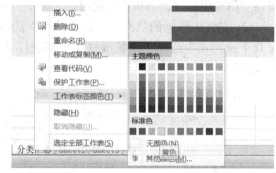

图 S8-9　复制工作表　　　　　　　　图 S8-10　设置工作表标签颜色

✍ 实现"1. 案例描述"中的要求(6)主要是为了练习如何进行分类汇总的操作。注意分类汇总前需要对数据按某个字段值进行排序。实现步骤如下：

(1) 数据排序。

在"分类汇总"工作表中选中数据区域，在"数据"选项卡的"排序和筛选"组中单击"排序"按钮，弹出"排序"对话框，在弹出的对话框中，选择"主要关键字"为"班级"字段，单击"确定"按钮，完成数据表的排序，如图 S8-11 所示。

(2) 数据分类汇总。

在"数据"选项卡中，单击"分级显示"组的"分类汇总"按钮，打开"分类汇总"对话框，如图 S8-12 所示，进行如下设置。

图 S8-11　排序　　　　　　　　　　图 S8-12　分类汇总

- 在"分类字段"下拉框中选择"班级";
- 在"汇总方式"下拉框中选择"平均值";
- 在"选定汇总项"列表框中勾选"语文"、"数学"、"英语"、"生物"、"地理"、"历史"、"政治"复选框;
- 勾选"每组数据分页"复选框。

✍ 实现"1. 案例描述"中的要求(7)主要是为了练习如何新建图表,实现步骤如下。

(1) 选中工作表中 A1:L22 的数据区域,然后在"数据"选项卡的"分级显示"组中单击"隐藏明细数据"按钮,此时,表格中只显示汇总后的数据条目。

(2) 在选中数据的状态下,在"插入"选项卡的"图表"组中单击"柱形图"按钮,在其下拉列表中选择"簇状圆柱图"图表样式,此时,会在工作表生成一个图表,如图 S8-13 所示。

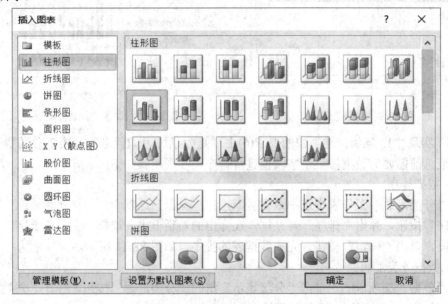

图 S8-13 选择图表类型

(3) 选中新生成的图表,在图表工具"设计"选项卡"位置"组中单击"移动图表"按钮,打开"移动图表"对话框,勾选"新工作表"单选框,在右侧的文本框中输入"柱状分析图",单击"确定"按钮即可新建一个工作表且将此图表放置于其中,如图 S8-14 所示。

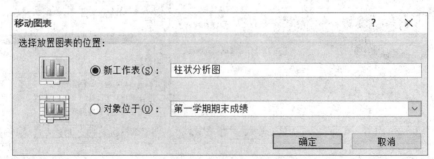

图 S8-14 选择图表位置

五、实验任务

小李是东方公司的会计，利用自己所学的办公软件进行记账管理，为了节省时间，同时又确保记账的准确性，她使用 Excel 编制了 2014 年 3 月员工工资表"Excel.xlsx"。

请你根据下列要求帮助小李对该工资表进行整理和分析。(提示：本题中若出现排序问题则采用升序方式)

(1) 通过合并单元格，将表名"东方公司 2014 年 3 月员工工资表"放于整个表的上端、居中，并调整字体、字号。

(2) 在"序号"列中分别填入 1～15，将其数据格式设置为数值、保留 0 位小数、居中。

(3) 将"基础工资"(含)往右各列设置为会计专用格式、保留 2 位小数、无货币符号。

(4) 调整表格各列宽度、对齐方式，使得显示更加美观，并设置纸张大小为 A4、横向，整个工作表需调整在 1 个打印页内。

(5) 参考文件夹下的"工资薪金所得税率.xlsx"，利用 IF 函数计算"应交个人所得税"列。

(6) 利用公式计算"实发工资"列，公式是：实发工资 = 应付工资合计 − 扣除社保 − 应交个人所得税。

(7) 复制工作表"2014 年 3 月"，将副本放置到原表的右侧，并命名为"分类汇总"。

(8) 在"分类汇总"工作表中通过分类汇总功能求出各部门"应付工资合计"、"实发工资"的和，每组数据不分页。

实验 9　PowerPoint 演示文稿制作

Microsoft Office PowerPoint 是微软公司的一个用于制作演示文稿的应用程序，是 Office 办公软件的核心程序之一。演示文稿的重要特征是可以在该类型文件中加入动画效果，以及图像、视频等丰富的多媒体元素。演示文稿在演讲汇报、讨论交流等场合广泛使用。

一、实验内容

本实验内容如下：
- 练习文本的输入与编辑；
- 练习对象的插入与编辑；
- 练习幻灯片外观设计；
- 练习动画设置；
- 练习幻灯片的切换与放映。

二、实验目标

本实验目标如下：
- 学会在占位符和文本框中输入和编辑文本；
- 学会插入图片、表格、艺术字、声音、视频等对象并设置；
- 学会利用幻灯片主题、板式、模板等工具对幻灯片进行整体设计美化；
- 能够为幻灯片中的元素分别设置自定义动画；
- 能够为幻灯片设置幻灯片切换效果和放映方式。

三、实验环境

实验环境是 Microsoft Office PowerPoint 2010。

四、实验案例

1．案例描述

打开文件夹下的演示文稿 yswg.pptx，根据素材文件"PPT-素材.docx"，按照下列要求完善此文稿并保存。

(1) 使文稿包含七张幻灯片，设计第一张为"标题幻灯片"版式，第二张为"仅标题"版式，第三到第六张为"两栏内容"版式，第七张为"空白"版式；所有幻灯片统一设置背景样式，要求有预设颜色。

（2）第一张幻灯片标题为"计算机发展简史"，副标题为"计算机发展的四个阶段"；第二张幻灯片标题为"计算机发展的四个阶段"，在标题下面的空白处插入 SmartArt 图形，要求含有四个文本框，在每个文本框中依次输入"第一代计算机"，……，"第四代计算机"，更改图形颜色，适当调整字体字号。

（3）第三张至第六张幻灯片，标题内容分别为素材中各段的标题；左侧内容为各段的文字介绍加项目符号，右侧为文件夹下存放相对应的图片，第六张幻灯片需插入两张图片（"第四代计算机-1.JPG"在上，"第四代计算机-2.JPG"在下）；在第七张幻灯片中插入艺术字，内容为"谢谢!"。

（4）为第一张幻灯片的副标题、第三到第六张幻灯片的图片设置动画效果，将第二张幻灯片的四个文本框超链接到相应内容幻灯片；为所有幻灯片设置切换效果。

可以参考如图 S9-1 所示的参考样例完成。

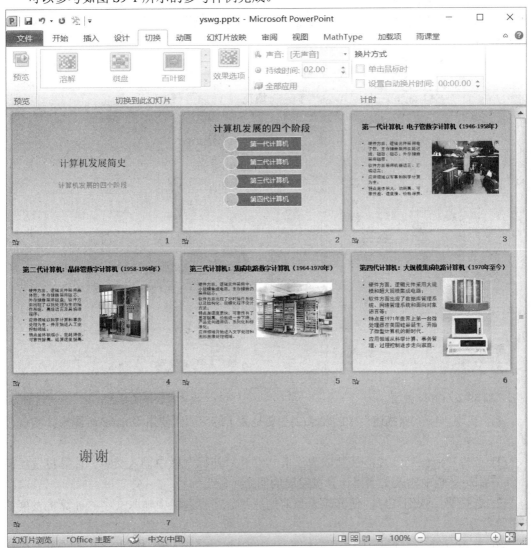

图 S9-1　演示文稿参考样例

2. 案例分析与操作要点

✎ 实现"1. 案例描述"中的要求(1)主要是为了练习如何设置幻灯片版式、设计幻灯片背景，实现步骤如下：

(1) 选择第一张幻灯片，在"开始"选项卡"幻灯片"组中单击"版式"按钮，弹出名为"Office 主题"的样式列表，从中选择"标题幻灯片"即可。

(2) 在"开始"选项卡"幻灯片"组中单击"新建幻灯片"下方的下拉按钮，弹出名为"Office 主题"的样式列表，从中选择"仅标题"即可新建第二张幻灯片。同理依次添加剩余的五张幻灯片，并设置第三到第六张为"两栏内容"版式，第七张为"空白"版式，如图 S9-2 所示。

(3) 在"设计"选项卡下"背景"分组中，单击"设置背景格式" 按钮。然后在"填充"选项中选中"渐变填充"按钮，然后单击"预设颜色"下拉按钮，并在弹出的下拉选项中选择任意颜色。最后单击"全部应用"按钮，然后单击"关闭"按钮完成设置，如图 S9-3 所示。

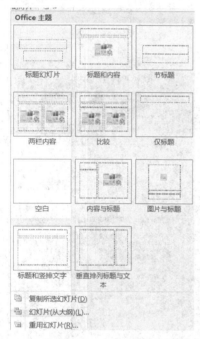

图 S9-2　Office 主题　　　　　　　　图 S9-3　设置背景格式对话框

✎ 实现"1. 案例描述"中的要求(2)主要是为了练习如何使用 SmartArt 图形，实现步骤如下：

(1) 选择第一张幻灯片，使其成为当前幻灯片。在标题栏中输入文字"计算机发展简史"，在副标题栏中输入文字"计算机发展的四个阶段"。

(2) 选择第二张幻灯片，使其成为当前幻灯片。在标题栏中输入文字"计算机发展的四个阶段"。

(3) 单击"插入"选项卡下"插图"分组中的"SmartArt"按钮，在弹出的"选择 SmartArt 图形"对话框中选择一种含有三个文本框的图形，如图 S9-4 所示。

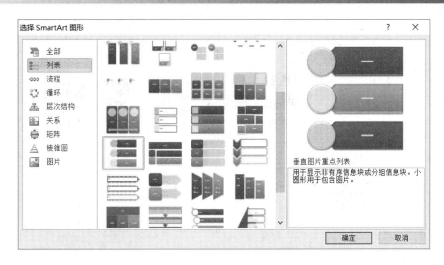

图 S9-4　插入 SmartArt 图形对话框

(4) 选中 SmartArt 图形，在"设计"选项卡下"创建图形"分组中单击"添加形状"按钮，添加一个文本框。依次在四个文本框中输入文本"第一代计算机"，……，"第四代计算机"。单击"SmartArt 样式"分组中的"更改颜色"按钮，选择一种颜色。

(5) 选中整个 SmartArt 图形，在"开始"选项卡下的"字体"分组中适当设置字体和字号，如图 S9-5 所示。

图 S9-5　设置字体对话框

✎ 实现"1. 案例描述"中的要求(3)主要是为了练习如何在幻灯片中插入文本和图形，实现步骤如下：

(1) 选择第三张幻灯片，使其成为当前幻灯片。使用复制粘贴技术将素材中的第一个标题"第一代计算机：电子管数字计算机(1946—1958 年)"复制到标题栏中；同样将下面的四段文字复制到幻灯片的左侧内容区。单击右侧内容区的"插入来自图片的文件"按钮，在弹出的"插入图片"对话框中找到文件夹下的对应的图片插入到幻灯片中，如图 S9-6 所示。

图 S9-6　插入图片对话框

(2) 使用同样的方法将素材文本和文件夹下的图片放入第四张至第六张幻灯片。要注意在第六张幻灯片中先插入一张图片，然后单击"插入"选项卡下"图像"分组中的"图片"按钮，在弹出的"插入图片"对话框中选择第二张图片，然后适当更改图片的大小和位置，使得"第四代计算机-1.JPG"在上，"第四代计算机-2.JPG"在下。

(3) 选择第七张幻灯片，使其成为当前幻灯片。单击"插入"选项卡下"文本"分组中的"艺术字"按钮，在弹出的样式中选择一种艺术字样式，然后输入艺术字的文字"谢谢!"，如图 S9-7 所示。

图 S9-7　艺术字样式

✍　实现"1.案例描述"中的要求(4)主要是为了练习如何在幻灯片中插入超链接、设置动画效果以及切换效果，实现步骤如下：

(1) 设置动画效果。

选中第一张幻灯片的副标题，在"动画"选项卡"动画"组中单击任意一种动画样式；使用同样的方法为第三到第六张幻灯片的图片设置动画效果，如图 S9-8 所示。

图 S9-8　插入自定义动画

(2) 插入超链接。

① 切换到第二张幻灯片，选中第一个文本框中的文字，在"插入"选项卡"链接"组中单击"超链接"按钮，打开"插入超链接"对话框。

② 在对话框最左侧列表中选择"本文档中的位置"，在"请选择文档中的位置"选择框中选择"3. 第一代计算机：电子管数字计算机(1946—1958 年)"，单击"确定"按钮即可插入链接，如图 S9-9 所示。

③ 使用上述方法分别插入其余三个文本框的超链接到相应内容的幻灯片。

(3) 在左侧幻灯片大纲栏中选中所有幻灯片，在"切换"选项卡"切换到此幻灯片"组中单击任意一种切换样式即可。

设置完毕将全部幻灯片从头到尾播放一遍，检查一下前面设置的动画及幻灯片切换的效果。

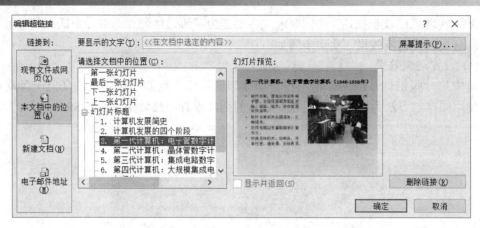

图 S9-9 设置超链接对话框

五、实验任务

为进一步提升北京旅游行业整体队伍素质，打造高水平、懂业务的旅游景区建设与管理队伍，北京旅游局将为工作人员进行一次业务培训，主要围绕"北京的主要景点"进行介绍，包括文字、图片和音频等内容。请根据文件夹下的素材文件"北京主要景点介绍-文字.docx"，帮助主管人员完成制作任务，具体要求如下：

(1) 新建一份演示文稿，并以"北京主要旅游景点介绍.pptx"为文件名进行保存。

(2) 第一张幻灯片中的标题设置为"北京主要旅游景点介绍"，副标题为"历史与现代的完美融合"。

(3) 在第一张幻灯片中插入歌曲"北京欢迎你.mp3"，设置为自动播放，并设置声音图标在放映时隐藏。

(4) 第二张幻灯片的版式为"标题和内容"，标题为"北京主要景点"，在文本区域中以项目符号列表方式依次添加下列内容：天安门、故宫博物院、八达岭长城、颐和园和鸟巢。

(5) 自第三张幻灯片开始按照天安门、故宫博物院、八达岭长城、颐和园、鸟巢的顺序依次介绍北京各主要景点，相应的素材资料包括文件夹中的"北京主要景点介绍-文字.docx"以及相应的图片，要求每个景点介绍占用一张幻灯片。

(6) 最后一张幻灯片的版式设置为"空白"，并插入艺术字"谢谢"。

(7) 将第二张幻灯片的内容分别链接到后面对应的幻灯片，并添加返回到第二张幻灯片的动作按钮。

(8) 为演示文稿选择一种设计主题，要求字体和整体布局合理、色调统一，为每张幻灯片设置合适的幻灯片切换效果以及文字和图片的动画效果。

(9) 除标题幻灯片外，其他幻灯片的页脚均包含幻灯片编号、日期和时间。

(10) 设置演示文稿放映方式为"循环放映，按 ESC 键终止"，换片方式为"手动"。

测试题答案

第1章 计算与社会

一、单项选择题

1～5 AABAB	6～10 ADCBB	11～15 DACCC
16～20 DCDBB	21～25 DBDBD	26～30 CACCA
31～35 DACDC	36～40 CDCAD	41～42 DD

二、填空题

1. ENIAC EDVAC
2. 大规模和超大规模电子元器件
3. 图灵机模型和图灵测试
4. 通用计算机、专用计算机
5. 信息意识、信息知识、信息能力、信息道德
6. 信息技术
7. 四
8. 数据安全 信息系统安全
9. 系统安全
10. 操作系统病毒
11. 传染性
12. 恶性病毒
13. 外观
14. 宏
15. 程序
16. 包过滤
17. 保护屏障
18. 网络
19. 木马病毒

三、简答题

1. 世界上第一台计算机是 1946 年问世的，根据计算机的性能和软硬件技术，将计算机发展划分成以下几个阶段：

(1) 第一阶段：电子管计算机(1946—1957)，其特点是采用电子管制作基本逻辑部件。

(2) 第二阶段：晶体管计算机(1958—1964)，其主要特点是采用晶体管制作基本逻辑部件。

(3) 第三阶段：集成电路计算机(1965—1969)，其主要特点是采用中小规模集成电路制作各种逻辑部件。

(4) 第四阶段：大规模、超大规模集成电路计算机，其主要特点是基本逻辑部件采用大规模、超大规模集成电路。

2. 三个方面：

(1) 计算机病毒。种类繁多的计算机病毒，利用自身的"传染"能力，严重破坏数据资源，影响计算机使用功能，甚至导致计算机系统瘫痪。

(2) 内部用户非恶意或恶意的非法操作。

(3) 网络外部的黑客。这种人为的恶意攻击是计算机网络所面临的最大威胁，黑客一旦非法入侵资源共享广泛的政治、军事、经济和科学等领域，盗用、暴露和篡改大量在网

络中存储和传输的数据，其造成的损失是无法估量的。

3．建立防御体系，推荐安全管家。具备一定的计算机操作常识，比如，进入安全模式杀毒、注册表清除病毒等。

4．计算机病毒是指编制或者在计算机程序中插入的破坏计算机功能或者毁坏数据、影响计算机使用，并能自我复制的一组计算机指令或者程序代码。计算机犯罪是指利用计算机作为犯罪工具进行的犯罪活动。黑客在信息安全范畴内的普遍含意是特指对计算机系统的非法侵入者。这些都对计算机安全构成威胁。

第2章　Python 简介

一、单项选择题

1～5　ABCBD　　　　6～10　CBBDC　　　　11～14　CCBD

二、填空题

1．3.0　　2．2.75　　　　3．编译器　解释器　　4．(1 4 7)　5．2**31-1
6．.py　　7．1:2:3　　8．1,2,3　　9．2.0　　　　10．2
11．9　　12．[1,2,3,2]　13．[2,3,2,3]　14．while 循环　for 循环
15．in　　16．True　　17．3　　18．5　　19．5
20．False　21．and　or　not　22．45　23．25　24．class

三、判断题

1．×　2．×　3．√　4．×　5．×　6．×　7．×
8．√　9．√　10．×　11．×　12．√　13．×　14．√
15．√　16．×　17．×　18．√　19．√

四、阅读程序，写结果

1.
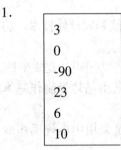
```
3
0
-90
23
6
10
```

2．1　　3．3　　4．[0,1,1,2,3,5,8,13,21,34]　5．1 0 1 0
　　　　3
　　　　5

6.
```
x = 8
z = 8
x = 7
y = 2
```
7．24

五、编程题

1.
```
x = input('请输入一个三位数：')
x = int(x)
a = x // 100
b = x // 10 % 10
c = x % 10
print(a, b, c)
```

2.
```
import math
x = input('输入两边长及夹角(度)：')
a, b, theta = map(float, x.split())
c = math.sqrt(a**2 + b**2 - 2*a*b*math.cos(theta*math.pi/180))
print('c=', c)
```

3.
```
import math
n = input('Input an inter:')
n = int(n)
m = math.ceil(math.sqrt(n)+1)
for i in range(2, m):
    if n%i == 0 and i<n:
        print('No')
        break
else:
    print('Yes')
```

4.
```
digits = (1, 2, 3, 4)
for i in digits:
    for j in digits:
        for k in digits:
            if i!=j and j!=k and i!=k:
                print(i*100+j*10+k)
```

5.
```
for i in range(100, 1000):
    a = i%10
    b = i//100
    c = (int(i/10))%10
    if i == a**3+b**3+c**3:
    print("%5d"%(i))
```

6.

```
for n in range(100, 1, -1):
    for i in range(2, n):
        if n%i == 0:
            break
    else:
        print(n)
        break
```

7.

```
for n in range(100, 1, -1):
    for i in range(2, n):
        if n%i == 0:
            break
    else:
        print(n, end=' ')
```

8.

```
for i in range(1,10):
    for j in range (1,i+1):
        print(i, '*',j,'=',i*j,end='\t')
    print('\n')
```

9.

```
def demo(s):
    result = [0, 0]
    for ch in s:
        if 'a'<=ch<='z':
            result[1] += 1
        elif 'A'<=ch<='Z':
            result[0] += 1
    return tuple(result)
```

10.

```
def demo(t):
    print([1])
    print([1, 1])
    line = [1, 1]
    for i in range(2, t):
        r = []
        for j in range(0, len(line)-1):
            r.append(line[j]+line[j+1])
        line = [1]+r+[1]
        print(line)
```

11.
```
def demo(m,n):
    if m>n:
        m, n = n, m
    p = m*n
    while m!=0:
        r = n%m
        n = m
        m = r
    return (n, p//n)
```

第3章　计 算 思 维

一、单项选择题

1～5　DCCEB　　　　6～10　BCCDB　　　　11～13　CCB

二、判断题

1．×　　2．×　　3．√　　4．×　　5．√　　6．×　　7．×　　8．×

三、填空题

1．计算机　　　　　　　　2．基础概念

3．抽象　　　　　　　　　4．时间复杂度、空间复杂度

5．抽象、自动化　　　　　6．自身函数

7．程序 = 数据结构 + 算法　　8．确定性

四、简答题

1．计算思维是运用计算机科学的基础概念进行问题求解、系统设计以及人类行为理解等涵盖计算机科学之广度的一系列思维活动。计算思维的特征：

(1) 概念化，不是程序化。

(2) 根本的，不是刻板的技能。

(3) 是人的，不是计算机的思维方式。计算思维是人类求解问题的一条途径，但决非要使人类像计算机那样地思考。计算机燥且沉闷，人类聪颖且富有想象力，是人类赋予计算机激情。配置了计算设备，我们就用自己的智慧去解决那些在计算时代之前不敢尝试的问题，实现"只有想不到，没有做不到"的境界。

(4) 数学和工程思维的互补与融合。

(5) 是思想，不是人造物。

(6) 计算思维面向所有的人，所有的地方。

2．计算思维的核心概念：逻辑思维，算法思维，分解，归纳，抽象，建模，评估。

逻辑思维是人对事物进行观察、比较、分析、综合、抽象、概括、判断、推理的能力，采用科学的逻辑方法，准确而有条理地表达自己思维过程的能力。它与形象思维能力

截然不同。

算法思维能让人们设计出借助计算机解决问题的算法。算法构建于逻辑之上，但不等同于逻辑，算法既要基于逻辑做出逻辑判断，又要基于逻辑判断执行某些动作，算法是现实世界计算系统的根本。

分解是将问题或系统拆分成更小、更易管理的小问题或小系统的过程。

归纳是将解决方案中的小步骤组合成较大的步骤。归纳的目的是改进问题的解，使其更易于处理，适用于更多的相似问题。

抽象一方面指的是舍弃事物的非本质特征，仅保留与问题相关的本质特征。另一方面指的是从众多的具体实例中抽取出共同的、本质性的特征。

建模是对现实世界事物的描述，这种描述会舍弃一些细节。建模的结果是各种模型，是对现实世界事物的各种表示，即抽象后的表现形式。

评估就是评价解的正确性和解的效率。

3．人进行问题求解的过程可归纳为以下的步骤。

(1) 理解问题：输入是什么，输出是什么。

(2) 制订计划：准备如何解决问题。

(3) 执行计划：具体解决问题。

(4) 回头看：检查结果……

4．算法(Algorithm)是指解题方案的准确而完整的描述，是一系列解决问题的清晰的步骤。算法的描述方法有：文字描述、图形描述、伪代码描述。文字描述即用自然语言描述。图形描述主要有流程图、盒图(N-S 图)、PAD 图。伪代码描述，它的可读性和严谨性介于文字描述和程序描述之间，是一种结构化的算法描述工具。伪代码描述的算法可以方便地转换为程序设计语言。

5．程序是描述一定数据的处理过程。它包括：

(1) 对数据的描述。在程序中要指定数据的类型和数据的组织形式，即数据结构。

(2) 对操作的描述，即操作步骤。说明如何对数据进行处理，包括进行何种处理和处理的顺序。程序=数据结构+算法。

6．不同的算法可能用不同的时间、空间或效率来完成同样的任务。一个算法的优劣可以用空间复杂度与时间复杂度来衡量。空间复杂度是指算法需要消耗的空间资源，即占用的存储空间的大小。时间复杂度是指算法需要消耗的时间资源，一般用算法中操作次数的多少来衡量。

7．算法设计的常用策略：

(1) 分治法。把一个复杂的问题分成两个或更多子问题，再把子问题分成更小的子问题……直到最后的子问题可以简单直接求解。最后通过子问题的解的合并得到原问题的解。

(2) 贪婪法。在算法的每个步骤中都采取在当前状态下最好或最优的选择，从而希望导致结果是最好的或最优的。

(3) 回溯法(Backtracking)和分支限界法(Branch and Bound)。

回溯法是一种选优搜索法，又称为试探法，按选优条件向前搜索，以达到目标。但当探索到某一步时，发现原先的选择并不优或达不到目标，就退回一步重新选择，这种走不通就退回再走的技术为回溯法，而满足回溯条件的某个状态的点称为"回溯点"。

分支限界法常以广度优先或以最小耗费(最大效益)优先的方式来搜索问题的解空间树。

分支限界法与回溯法的不同：

① 求解目标：回溯法的求解目标是找出解空间树中满足约束条件的所有解，而分支限界法的求解目标则是找出满足约束条件的一个解，或是在满足约束条件的解中找出在某种意义下的最优解。

② 搜索方式的不同：回溯法以深度优先的方式搜索解空间树，而分支限界法则以广度优先或以最小耗费优先的方式搜索解空间树。

(4) 动态规划(Dynamic Programming)。动态规划采取的是分治法加消除冗余，是一种将问题实例分解为更小的、相似的子问题，并存储子问题的解而避免重复计算子问题，从而解决问题的算法策略。

第4章　信息编码及数据表示

一、单项选择题

1～5　CBAAD	6～10　DBACA	11～15　ADBDD
16～20　BABCD	21～25　ACDBC	26～30　BCBAB
31～35　CBADB	36～38　BCA	

二、填空题

1. 32767

2. 11011010、332、DA

3. 213、325、D5

4. 二进制数 0 和 1

5. 77

6. 10000000

7. 补码

8. 阶码

9. −10D

10. 01100110、01100110、01100110

11. 11100111、10011000、10011001

12. 0、1

13. 128

14. 机内码

15. 16384

16. 区位码

17. 1

三、计算题

1. $(BF3C)_{16} = (48956)_{10}$ (位权相加法)

2. $(10101011.00011110110)_2 = (253.0754)_8$ (三合一法：以小数点为界，向左向右三位合一，位数不够用 0 补)

3. $(13.875)_{10} = (1101.111)_2$ (整数部分：除基取余法，小数部分：乘基取整法)

4. $(000100101111.10111)_2 = (303.71875)_{10}$ (位权相加法)

5. 全 1 则 1，有 0 则 0

6. 有 1 则 1，全 0 则 0

7. $0.4D = (0.0110)B$ (二进制数小数点位数为 4 位)　精度(10^{-1})

8．(1) $[85]_{补} = 01010101$，$[60]_{补} = 00111100$，$[-60]_{补} = 11000100$

$[85-60]_{补} = [85]_{补} + [-60]_{补} = 01010101 + 11000100 = 00011001$

真值：$85 - 60 = (+11001)_2 = (+25)_{10}$，没有产生溢出。

(2) $[85]_{补} = 01010101$，$[-85]_{补} = 10101011$，$[60]_{补} = 00111100$，$[-60]_{补} = 11000100$

$[-85-60]_{补} = [-85]_{补} + [-60]_{补} = 10101011 + 11000100 = 01101111$

真值：$-85 - 60 = (+1101111)_2 = (+111)_{10}$，产生溢出。

(3) $[85]_{补} = 01010101$，$[60]_{补} = 00111100$

$[85+60]_{补} = [85]_{补} + [60]_{补} = 01010101 + 00111100 = 10010001$

真值：$85 + 60 = (-1101111)_2 = (-111)_{10}$，产生溢出。

(4) $[85]_{补} = 01010101$，$[-85]_{补} = 10101011$，$[60]_{补} = 00111100$

$[-85+60]_{补} = [-85]_{补} + [60]_{补} = 10101011 + 00111100 = 11100111$

真值：$-85 + 60 = (-1101)_2 = (-25)_{10}$，没有产生溢出。

9．信源的平均信息量为

$$H = -\frac{3}{8}\log_2\frac{3}{8} - \frac{1}{4}\log_2\frac{1}{4} - \frac{1}{4}\log_2\frac{1}{4} - \frac{1}{8}\log_2\frac{1}{8} = 1.906 \text{(比特/符号)}$$

所以，这条消息的信息量为 $I = 57 \times 1.906 = 108.64$(比特)

四、简答题

1．信息是事物运动状态或存在方式的不确定性的表述，即信息是确定性和非确定性、预期和非预期的组合。

2．通常用平均自信息量表征整个信源的不确定度，平均自信息量指的是事件集所包含的平均信息量，它表示信源的平均不确定性，称为信息熵。

香农利用信息的熵回答了消息的信息量的问题，即任一消息的信息量由用于传输该消息的 1 和 0 的数量构成。

3．物理实现简便；方便逻辑运算(布尔代数)； 运算简便； 节省存储设备。

4．基数：指某种进位计数制中每个数位上所能使用数码的个数。

数码：指某种进位计数制中每个数位上所能使用的符号。

位权：位权的值等于基数的若干次幂。数码所处的位置不同，所代表数值的大小也就不同。

5．十进制数是我们生活中最常用的进制数。

八、十六进制只是为了描述的方便。八和十六进制与二进制之间容易相互转换。

6．连同符号位一起数字化的二进制数称为机器数。真值：采用"＋"、"－"符号和数值绝对值表示数，称为真值。

7．对存储单元编号的过程称为"编址"，存储单元的编号称为"地址"。

8．字长为 4 位，补码能表示的范围是 $-8 \sim +7$。溢出的原因是当计算结果超出补码能表示的范围即为溢出。溢出的现象判断：当两个数补码符号位都为 1 时，计算结果的符号位为 0，一定溢出。同样当两个数补码符号位都为 0 时，计算结果的符号位为 1，一定溢出。

9．采用补码进行运算，实际上是把加负数的减法，变为加法；符号位一起参与运算，有进位则去掉，方便简洁。

10．GB2312 码：计算机处理汉字所用的编码标准是我国于 1980 年颁布的国家标准 GB2312—1980，即信息交换用汉字编码字符集，简称国标码。共收录了一、二级汉字和图形符号 7445 个，每个汉字由两个字节构成。一级汉字(常用汉字)3755 个，按照汉语拼音字母顺序排列。二级汉字(不常用汉字)3008 个，按偏旁部首排列。其最大特点就是具有唯一值，即没有重码。

GBK 码：GBK 码是 GB 码的扩展字符编码，对多达 2 万多的简繁汉字进行了编码，全称《汉字内码扩展规范》。GB 是"国标"。K 是"扩展"的汉字拼音的第一个字母。GBK 向下与 GB2312 编码兼容，向上支持 ISO10646.1 国际标准，是前者向后者过渡中的一个承上启下的标准。

GBK 采用双字节表示，共收入 21886 个汉字和图形符号，其中汉字 21003 个，图形符号 883 个。

11．汉字输入码也称机外码，主要解决如何使用西文标准键盘把汉字输入到计算机中的问题，有各种不同的机外码，最常用的是拼音编码和字形编码。

机内码：计算机内部存储、处理汉字所用的编码。

国标码：计算机处理汉字所用的编码标准是我国于 1980 年颁布的国家标准 GB2312—1980，即信息交换用汉字编码字符集。

字形输出码：文字信息的输出编码，也就是通常所说的汉字字库，是使用计算机时显示或打印汉字的图像源。汉字字符分为点阵和矢量两种。

第5章　计算机系统组成与结构

一、单项选择题

1～5　CBCDB　　　　　6～10　DCCCB　　　　　11～15　ABCCA

16～20　BADAC　　　　21～25　BDABC　　　　26～27　AA

二、填空题

1．存储程序和程序控制　　　　2．控制器

3．程序　　　　　　　　　　　4．主板

5．芯片组　　　　　　　　　　6．磁头数×柱面数×扇区数×每扇区字节数

7．PCI　　　　　　　　　　　 8．磁盘阵列技术

9．流水线控制　　　　　　　　10．相同　大于

11．CPU　RAM　　　　　　　 12．指令　操作数

13．地址总线、数据总线、控制总线　14．并行　串行

15．随机存储器　　　　　　　　16．通用　程序计数器　状态寄存器

17．CPU　运算　　　　　　　　18．指令集

19．操作指令　控制指令　　　　20．机器周期

21．主存　外存　硬盘　　　　　22．只读存储器　随机存储器

23．存储周期　　　　　　　　　24．容量　存储周期

三、计算题

1. 显示器的点距 = 285.7mm / 1024 = 0.279 mm 或 = 214.3mm / 768 = 0.279 mm

2. $2 \times 2 \times 10000 \times 1000 \times 512 / 1024 = 2500000$ KB = 2441 MB

3. $3000 \times 2000 \times 3 \times 8 / 8 = 18000000$ B

压缩后的数据量 = 18000000 / 5 = 3600000 B

传输速率 = 3600000 / 2 = 1800000 B/S

四、简答题

1. 冯·诺依曼体系结构如下图所示。

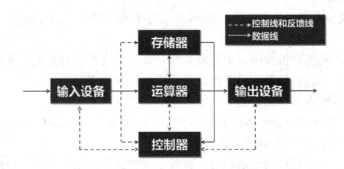

特点：程序指令和数据都用二进制形式表示。

程序指令和数据共同存储在存储器中。

体系结构由五大部分组成。

构成：存储器、运算器、控制器、输入设备、输出设备。

各部分功能：需要执行的程序及其要处理的数据保存于存储器中，控制器根据程序指令发出各种命令，控制运算器对数据进行操作、控制输入设备读入数据以及控制输出设备输出数据。

2. 指令执行通常分为四个步骤。

(1) 取指令：指令通常存储在主存中，CPU 通过程序计数器获得要执行的指令存储地址。根据这个地址，CPU 将指令从主存中读入并保存在指令寄存器中。

(2) 译码：由指令译码器对指令进行解码，分析出指令的操作码及所需的操作数存放的位置。

(3) 执行：将译码后的操作码分解成一组相关的控制信号序列，以完成指令动作，包括从寄存器读数据及输入到 ALU 进行算术或逻辑运算。

(4) 写结果：将指令执行节拍产生的结果写回到寄存器，如果有必要，则将产生的条件反馈给控制单元。

各步骤的功能不可省略。

3. RAM(Random Access Memory)随机访问存储器。当电源供应中断后，存储器所存储的数据便会消失的存储器。ROM(Read-Only Memory)只读存储器。断电后保存的信息不会丢失，ROM 也可随机访问。Cache 高速缓存，容

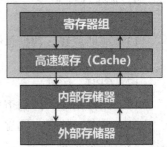

量小速度快。逻辑上介于 CPU 和主存之间，可以将其集成到 CPU 内部，也可置于 CPU 之外。其目的是解决 CPU 速度比主存访问速度快的问题。

4．外部存储器中的数据不能被 CPU 直接处理。存储系统层次结构如右图所示。外部存储器数据先读入内部存储器，CPU 与内部存储器直接进行数据交换。

5．CD-ROM 与 CD-RW：

CD-ROM(Compact Disc Read-Only Memory)即只读光盘，是一种在电脑上使用的光碟。

这种光碟只能写入数据一次，信息将永久保存在光碟上，使用时通过光碟驱动器读出信息。CD 的格式最初是为音乐的存储和回放设计的，1985 年由 SONY 和飞利浦制定的黄皮书标准使得这种格式能够适用于各种二进制数据。

所谓 CD-RW，是 CD-ReWritable 的缩写，是一种可以重复写入的技术，而将这种技术应用在光碟烧录机上的产品即称为 CD-RW。

DVD-ROM 是 Digital Video Disc-Read Only Memory 的缩写，译成中文就是数字视盘。从严格分类角度上讲，这种 DVD 应该叫作 DVD-Video(简称是 DVD)，是一种只读型 DVD 视盘，必须由专用的视盘机播放。随着技术的不断发展及革新，DVD 如今又有了更为广泛的内涵，已不在只局限于 Digital Video Disc 这个范畴，而演变成为 Digital Versatile Disc(数字万用光盘)。和 CD 不同，DVD 一开始就已被设计为多用途的光盘。

DVD-RW 的全称为 DVD-ReWritable(可重写式 DVD)，被定义为 Re-recordable DVD(可重记录型 DVD)

第6章 操作系统

一、单项选择题

1～5 DAADC 　　　6～10 CDCBD 　　　11～15 BADBB
16～20 CADBB 　　　21．D

二、填空题

1．共享 　　　2．命令行界面
3．I/O 　　　4．顺序文件
5．策略 　　　6．BIOS
7．共享设备 　　　8．设置虚拟内存
9．计算机 　　　10．BIOS
11．基本输入/输出系统 　　　12、撤销进程 阻塞进程
13．先来先服务 优先级法

三、简答题

1．在现代计算机系统中，操作系统是计算机系统中最基本的系统软件，是整个计算机系统的控制中心。操作系统通过管理计算机系统的软硬件资源，为用户提供使用计算机系统的良好环境，并且采用合理有效的方法组织多个用户共享各种计算机系统资源，最大限度地提高系统资源的利用率。

2．进程的三种状态。运行、阻塞、就绪。进程在其生命周期内的任何时刻都处于这三种状态中的某种状态。

(1) 就绪→运行：就绪状态的进程，一旦被进程调度程序选中，获得 CPU，便发生状态变迁。

(2) 运行→阻塞：运行中的进程需要执行 I/O 请求时，发生此状态变迁。

(3) 阻塞→就绪：阻塞进程的 I/O 请求完成时，发生此状态变迁。

(4) 运行→就绪：这种状态变化通常出现在分时操作系统中，运行进程时间片用完时，发生此状态变迁。一个正在运行的进程，由于规定的运行时间片用完，系统将该进程的状态修改为就绪状态，插入就绪队列。

3．多道程序技术是在计算机主存中同时存放几个相互独立的程序，相互交替地运行。多道程序技术在宏观上是并行的，而在微观上是串行的。

4．如何协调快速 CPU 与慢速外部设备之间数据传输的问题，既不能让慢速设备拖累快速 CPU，又不能丢失数据，造成错误。这涉及输入/输出的控制方式：程序查询方式、程序中断方式、直接主存访问方式。

程序查询方式是指利用程序控制实现 CPU 和外部设备之间的数据传送。

程序中断方式是指 CPU 暂时中止现行程序，转去处理随机发生的紧急事件，处理完后自动返回原程序的技术。

DMA 方式是一种完全由硬件执行 I/O 交换的工作方式。DMA 控制器从 CPU 完全接管对总线的控制，数据交换不经过 CPU，而直接在主存和外围设备之间进行，以高速传送数据。这种方式的优点是数据传送速度很快。这种方式适用于主存和高速外围设备之间有大批数据交换的场合。

5．"死机"处理：

(1) 热重启：按下"Ctrl + Alt + Delete"按键，在弹出的任务管理器中选择"关机"，然后再"重启"。

(2) 冷重启：按下机箱上面的"reset"按钮，直接重启。

(3) 强制关机：长按"power"按钮几秒。

(4) 检查是否为病毒感染引起的死机。核实系统死机前是否有杀过毒，如果杀毒破坏了系统文件，则确实很有可能会引起系统死机。软件在安装过程中常会碰到死机，可能是系统的某些配置或是安装软件存在冲突，即会导致系统出现死机现象。

注意：能够热启动就尽量用热启动，冷重启对机器的伤害更大。

第7章　计算机网络及应用

一、单项选择题

1~5 DBDBC	6~10 ACCBC	11~15 DCCAB
16~20 DCDCA	21~25 BDADA	26~30 ADDDB
31~35 DCDBB	36~40 AADBA	

二、判断题

1．×　　　2．×　　　3．×　　　4．×　　　5．√　　　6．×　　　7．√

8．×　　　9．×　　　10．×　　　11．√　　　12．√　　　13．√　　　14．√

15．×　　　16．×　　　17．√　　　18．√　　　19．×　　　20．√

三、填空题

1．总线型　　　　　　　　　　　　2．路由器

3．微波通信　　　　　　　　　　　4．路由选择

5．调制解调器　　　　　　　　　　6．域名与 IP 地址

7．点分十进制法　　　　　　　　　8．192.168.8.0

9．电信号　脉冲序列　　　　　　　10．有线　无线

11．双绞线　　　　　　　　　　　　12．DNS 服务器

13．线路交换、报文交换和分组交换　14．物理层　数据链路层

15．网络层、应用　　　　　　　　　16．MAC　LLC

17．数据报交换网　　　　　　　　　18．防火墙

19．简单邮件传输/SMTP　　　　　　20．广播　网络　127.0.0.1

四、问答题

1．OSI 共有七层，它们分别是物理层、数据链路层、传输层、网络层、会话层、表示层和应用层。

物理层负责比特流的传输、故障检测和物理层管理；数据链路层用于控制介质的访问接入，提供可靠的信息传送机制；网络层主要是路由寻址服务；传输层负责端到端的连接，确保数据可靠、有序、无差错的传输；会话层控制主机间的数据通信；表示层主要解决数据如何表示；应用层处理面向应用程序和用户，提供常用的网络应用服务。

2．网桥工作在数据链路层，仅能连接两个同类网络，用于实现网络间帧的转发；

路由器工作在网络层，可连接三个或三个以上的同类网络，用于实现多个网络间分组的路由选择及转发功能。

相同点：两者都是网络间互联设备。

不同点：工作层次不同，连接网络数目不同，传送单位不同。

3．第一阶段：计算机技术与通信技术相结合，形成了初级的计算机网络模型。此阶段网络应用的主要目的是提供网络通信、保障网络连通。

第二阶段：在分组交换网的基础上，实现了网络体系结构与协议完整的计算机网络。此阶段网络应用的主要目的是提供网络通信、保障网络连通、网络数据共享和网络硬件设备共享。这个阶段的里程碑是美国国防部的 ARPANET 网络。

第三阶段：计算机解决了计算机联网与互联标准化的问题，提出了符合计算机网络国际标准的"开放式系统互联参考模型"，极大地促进了计算机网络技术的发展。具有代表性的系统是 1985 年美国国家科学基金会的 NSFNET。

第四阶段：计算机网络向互联、高速、智能化和全球化发展，并且迅速得到普及，实现了全球化的广泛应用。代表作是 Internet。

4．主要功能：数据交换和通信；资源共享；提高系统的可靠性；分布式网络处理和负载均衡。

5．工作原理可概括为先发后听、边发边听、冲突停止、随机延时后重发。具体过程描述如下：

(1) 当一个节点想要发送数据时，首先检测网络是否有其他节点正在传送数据。

(2) 如果信道忙，则等待，直到信道空闲。

(3) 如果信道闲，则节点传输数据。

(4) 在发送数据的同时，节点继续侦听网络，确保没有其他节点同时传送数据。

(5) 当一个节点识别出冲突，就发送一个拥塞信号，使得冲突时间足够长，让其他节点能发现。

(6) 其他节点收到拥塞信号后，停止传输，等待一个随机产生的时间间隙后重发。

6．子网掩码是 255.255.240.0

每个子网主机 IP 的地址：

172.17.16.1～172.17.31.254   172.17.32.1～172.17.47.254

172.17.48.1～172.17.63.254   172.17.64.1～172.17.79.254

172.17.80.1～172.17.95.254   172.17.96.1～172.17.111.254

172.17.112.1～172.17.127.254   172.17.128.1～172.17.143.254

172.17.144.1～172.17.159.254   172.17.160.1～172.17.175.254

172.17.176.1～172.17.191.254   172.17.192.1～172.17.207.254

172.17.208.1～172.17.223.254   172.17.224.1～172.17.239.254

7．(1) 该局域网所需的其他硬件设备：16 口以太网交换器(交换机)4 台、带有 RJ-45 接口的 Ethernet 网卡、RJ-45 连接头、路由器、5 类非屏蔽双绞线、中继器。

(2) 结构图如下图所示。

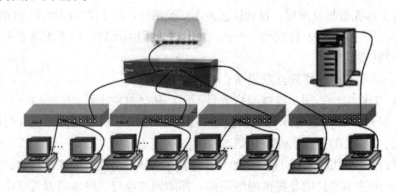

第 8 章 数据库技术应用基础

一、单项选择题

1～5 ABCDA   6～10 BDADB   11～15 ACBAB   16～20 DBCAA

二、填空题

1．物理独立性

2. 人工管理　文件系统管理　数据库管理　数据库管理　文件系统管理

3. 关系

4. 元组　　属性

5. 关系数据库管理系统

6. 安全性控制　完整性控制

7. 数据库系统管理员

8. 数据结构、数据操作　数据完整性约束

9. 数据结构

10. 概念模型　逻辑模型　物理模型　物理　逻辑　概念　逻辑　逻辑　物理

11. 实体　联系

12. 域　　实体键

13. 一对一联系　一对多联系　多对多联系

14. 层次模型　网状模型　关系模型　关系模型　二维表

15. 实体

16. 连接

17. 一张二维表

18. utf8

19. 标准查询语言

20. 投影

三、简答题

1. 数据库系统通常由应用程序、数据库、数据库管理系统和数据库管理员四部分组成。

2. (1) 集中控制数据。(2) 数据冗余度小。(3) 数据独立性强。(4) 维持复杂的数据模型。(5) 提供数据的安全保障。

3. 完整性约束是为保证数据库中数据的正确性、有效性和相容性，对关系模型提出的某种约束条件或规则。主要包括实体完整性、引用完整性、域完整性和用户定义完整性四种类型。

4. (1) 数据库的定义。(2) 数据库的操作及优化。(3) 数据库的控制运行。(4) 数据库的恢复和维护。(5) 数据库的数据管理。(6) 提供数据库的多种接口。

第9章　信息处理与多媒体技术

一、单项选择题

1~5	BBBBB	6~10	DBACC	11~15	ABDCD
16~20	AACBB	21~25	BCBAB	26~30	AACCC
31~35	CBADC	36~40	BCDBA	41~45	DBBBC

二、填空题

1. 多样性、集成性、交互性、实时性

2．文字的出现、印刷术的发明、信息的数字化

3．多媒体硬件系统、多媒体软件系统、多媒体应用程序接口 API

4．频率

5．CD-DA 质量　AM 质量

6．FM 合成法

7．亮度、色度、饱和度

8．红色、绿色、蓝色

9．色调、饱和度、亮度

10．青色、品红色、黄色

11．青、品红、黄、黑

12．采样、量化、编码

13．计算功能　输入功能　对话功能

14．模拟视频

15．PAL 制、NTSC 制

16．4：1：1　4：4：4

17．帧内预测、帧间预测

18．哈夫曼编码　算术编码　行程编码

19．即拍即见　可以直接进行编辑使用

20．Flash、Firework

21．连续性、实时性、时序性

22．语音识别技术

23．.WAV

24．电子图书

三、名词解释

1．MIDI：是数字音乐接口(Musical Instrument Digital Interface)的缩写，是数字音乐/电子合成乐器的统一国际标准。MIDI 是用来将电子乐器相互连接，或将 MIDI 设备与电脑连接成系统的一种通信协议。

2．声音的采样：为实现 A/D 转换，需要把模拟音频信号波形进行分割，以转变成数字信号，这种方法称为采样。

3．图像的颜色深度：位图图像中像素的颜色(或亮度)信息是用若干二进制数据位来表示的，这些数据位的个数称为图像颜色的深度，颜色深度反映了构成图像的颜色总数目。

4．位图图像：又称点阵图像，是由无数个像素点组成的。位图图像的信息实际上是由一个数字矩阵组成，阵列中的各项数字用来描述构成图像的各个像素点的强度与颜色等信息。

5．CMYK：这是一种基于印刷处理的颜色模式。用四补色，即 C(Cyan)青、M(Magenta)品红、Y(Yellow)黄、K(Black)黑表示。

6．视频：就其本质而言，实际上就是其内容随时间变化的一组动态图像，所以视频

又叫作运动图像或活动图像。

7. YUV 模型：在 PAL 彩色电视制式中采用 YUV 模型来表示彩色图像。其中 Y 表示亮度，U、V 用来表示色差，是构成彩色的两个分量。

8. 计算机动画：计算机动画是指采用图形与图像的数字处理技术，借助于编程或动画制作软件生成一系列的景物画面，其中当前帧画面是对前一帧的部分修改。

9. 无损压缩：为保留原始多媒体对象，在无损压缩中，数据在压缩或解压缩过程中不会改变或损失，解压缩产生的数据是对原始对象的完整复制。

10. 行程编码：不需要存储每一个像素的颜色值，而仅仅存储一个像素的颜色值，以及具有相同颜色的像素数目即可，或者存储一个像素的颜色值，以及具有相同颜色值的行数。

11. MPEG：MPEG(Moving Picture Experts Group)是运动图像专家组的英文缩写，是可用于数字存储介质上的视频及其关联音频的国际标准。

12. 多媒体网络：本质上是一种计算机网络系统，利用现有或专门的网络来传输多种媒体信息就构成了多媒体网络。

13. 电子出版物：指以数字代码方式将图、文、声、像等信息存储在磁、光、电介质上，通过计算机或类似设备阅读使用，并可复制发行的大众传播媒体。

四、简答题

1. 多媒体计算机的系统层次结构如下图所示。

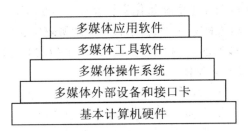

2. 只读光盘是利用在盘上压制凹坑的机械办法，利用凹坑的边缘来记录"1"，而凹坑和非凹坑的平坦部分记录"0"，并使用激光来读出。由于只读光盘的物理特性，用户只能读取只读光盘上的数据，而不能自己把数据写到 CD 盘上。

3. 如果要用计算机对音频信息进行处理，则首先要将模拟音频信号(如语音、音乐等)转变成数字信号。数字化的声音易于用计算机软件处理，现在几乎所有的专业化声音录制、编辑器都是数字方式的。模拟音频的数字化过程涉及音频的采样、量化和编码。

4. 声音信号中存在着很大的冗余度，通过识别和去除这些冗余度，便能达到压缩的目的；音频信息的最终接收者是人，人的听觉器官(包括视觉器官)都具有某种不敏感性，舍去人的感官所不敏感的信息对声音质量的影响很小；对声音波形取样后，相邻样值之间存在着很强的相关性。

5. 图像采样就是将二维空间上模拟的连续亮度(即灰度)或色彩信息，转化为一系列有限的离散数值来表示。由于图像是一种二维分布的信息，因此具体的作法就是将图像在水平方向和垂直方向上等间隔地分割成矩形网状结构，所形成的矩形微小区域，称之为像素点。

6. 图像采样后得到的亮度值(或色彩值)在取值空间上仍然是连续值。图像量化实际上就是将图像采样后的样本值的范围分为多个有限区域，把落入某区域中的所有样本值用同一值表示，是用有限的离散数值量来代替无限的连续模拟量的一种映射操作。

7. 将亮度的变化是连续的模拟图像转化为由一系列离散数据所表示的数字图像的过程称为图像的数字化。过程包括：抽样和量化。对连续变化的模拟图像函数 f(x, y) 的空间连续坐标(x, y)进行离散化处理的过程称为采样。采样后，把连续变化的图像函数 f(x, y) 的每个离散点(像素)的亮度(颜色)值用数字量来表示的过程称为量化。

8. 图形是指由外部轮廓线条构成的矢量图，一般是指通过计算机软件绘制的由直线、圆、矩形、圆弧、任意曲线等组成的画面；图像是由像素点阵构成的位图，是通过扫描仪、数码相机、摄像机等输入设备捕捉实际的画面产生的数字图像。图形可任意缩放不会失真，图像在缩放过程中会失真。图形占用的存储空间较小，图像一般数据量都较大。

9. 动画和视频都是由一系列的静止的帧画面按照一定的顺序排列而成的，当帧画面以一定的速度连续播放时，由于视觉暂留现象造成了连续的动态效果。计算机动画和视频的主要差别类似于图形与图像的区别，即帧图像画面的产生方式有所不同。当每一帧画面为实时获取的自然景物图时，称为视频，当每一帧画面是人工或计算机生成的画面时，称为动画。

五、计算题

1. 存储量(字节/秒) = (采样频率 × 量化字长 × 声道数)/8

存储量(字节/分) = (采样频率×量化字长 × 声道数×60)/8

$$= 22.05 \times 1000 \times 16 \times 2 \times 60 / 8 / 1024 / 1024$$
$$= 5.04 \text{ MB}$$

一张 650 Mb 的光盘可以放：650 / 5.04 = 129 分钟

2. 存储量(字节/秒) = (采样频率 × 量化字长 × 声道数) / 8

存储量(字节/分) = (采样频率 × 量化字长 × 声道数 × 60) / 8

$$= (22.05 \times 1000 \times 16 \times 2 \times 60) / 8$$
$$= 5.29 \text{ MB}$$

3. 显示内存大小 = 分辨率 × 颜色深度 / 8

$$= 1024 \times 768 \times 8 / 8 / 1024 / 1024$$
$$= 0.75 \text{ MB}$$

4. 数据量大小 = 一幅静态图像大小(长 × 宽 × 图像颜色深度 / 8) × 帧速 × 时间

$$= 640 \times 480 \times 8 / 8 \times 3600 \times 25 / 1024 / 1024$$
$$= 26367 \text{ MB}$$

5. 数据量大小 = 一幅静态图像大小(长 × 宽 × 图像颜色深度 / 8) × 帧速 × 时间

$$= 640 \times 480 \times 8 / 8 \times 3600 \times 30 / 1024 / 1024$$
$$= 31640 \text{ MB}$$

六、综合应用题

1. 为实现 A/D 转换，需要把模拟音频信号波形进行分割，以转变成数字信号，这种方法称为采样。

2．根据奈奎斯特理论只有采样频率高于声音信号最高频率的 2 倍时，才能把数字信号表示的声音还原成为原来的声音，采样频率应至少为 40 kHz。

3．把对声波波形幅度的数字化表示称为声音的量化。

4．声音幅度等级为 2^{16} = 512 个量化等级。

5．存储量(字节/秒) = (采样频率 × 量化字长 × 声道数) / 8

存储量(字节/分) = (采样频率 × 量化字长 × 声道数 × 60) / 8

$$= (22.05 \times 1000 \times 16 \times 2 \times 60) / 8$$

$$= 5.29 \text{ MB}$$

6．图像分辨率是指数字化图像的大小，以水平的和垂直的像素点表示。显示分辨率又称为屏幕分辨率，即屏幕呈现出的横向与纵向像素点的个数。图像分辨率实际上决定了图像的显示质量，即使提高了显示分辨率，也无法真正改善图像的质量。

7．$(320 \times 240) / (640 \times 480)$ = 1/4　　图像在屏幕上的大小只占整个屏幕的 1/4。

8．$640 \times 480 \times 24 / 8$ = 921.6 KB　　一幅画面需要 921.6 KB 的存储空间。

9．2^{24} = 16777216　　　　　　　　　在这幅图像中可以拥有的颜色有 16777216 种。

10．921.6 KB × 30 × 60 = 1658.9 MB　　播放一分钟需要 1658.9 MB。

11．650 MB / (921.6 KB ×30) = 23.5 秒　　能够播放 23.5 秒。

参 考 文 献

[1] 李曒，毛晓光，刘万为，等. 大学计算机基础[M]. 3 版. 北京：清华大学出版社，2018.

[2] 王移芝，许宏丽，金一. 大学计算机[M]. 5 版. 北京：高等教育出版社，2016.

[3] 董付国. Python 可以这样学[M]. 北京：清华大学出版社，2017.

[4] 董付国. 玩转 Python 轻松过二级[M]. 北京：清华大学出版社，2018.